西安电子科技大学研究生精品教材建设项目

小波与稀疏逼近理论

冯象初　王卫卫　编著

西安电子科技大学出版社

内容简介

本书主要内容包括泛函分析概要、小波构造理论、小波逼近理论以及稀疏逼近和稀疏表示等。全书从数学基础出发，通过小波理论分析、最新的稀疏表示理论和字典学习方法，构成了小波域稀疏表示的完整系统。

本书内容由浅入深，通俗易懂，既重视必要的理论基础知识的介绍，也给出了相应的实践和应用。

本书可作为工科相关专业的研究生教材。

图书在版编目(CIP)数据

小波与稀疏逼近理论 / 冯象初，王卫卫编著. —西安：西安电子科技大学出版社，2019.9(2022.7 重印)
ISBN 978-7-5606-5366-2

Ⅰ. ①小… Ⅱ. ①冯… ②王… Ⅲ. ①小波分析 ②稀疏矩阵
Ⅳ. ①O177 ②O151.21

中国版本图书馆 CIP 数据核字(2019)第 124503 号

策　　划　戚文艳
责任编辑　许青青
出版发行　西安电子科技大学出版社(西安市太白南路 2 号)
电　　话　(029)88202421　88201467　　邮　　编　710071
网　　址　www.xduph.com　　电子邮箱　xdupfxb001@163.com
经　　销　新华书店
印刷单位　西安日报社印务中心
版　　次　2019 年 9 月第 1 版　2022 年 7 月第 2 次印刷
开　　本　787 毫米×1092 毫米　1/16　印　张　7.5
字　　数　170 千字
印　　数　1001～1500 册
定　　价　20.00 元
ISBN 978-7-5606-5366-2/O
XDUP 5668001-2

前　言

20 世纪 80 年代初，一些科学家使用多尺度分析构造了小波，作为传统的傅里叶分析的替代物。小波分析能对所有的常见函数空间给出简单刻画，能用小波展开系数描述函数的局部光滑性，特别是小波展开系数的稀疏性使小波函数具有优越的局部分析性能，从而使得基于多尺度的小波分析理论得到了飞速的发展。随着小波分析理论的不断完善和其在实践应用中体现出的优越特性，它越来越多地被人们应用于更广泛的科技领域。

早在 20 世纪 90 年代，西安电子科技大学就开设了小波分析课程。2003 年，冯象初、甘小冰、宋国乡共同编著完成了研究生教材《数值泛函与小波理论》。随着小波理论的发展，我们发现有必要在原教材的理论基础之上进行改进和补充，原因有二：一方面，原教材的许多错误需要修订；另一方面，在小波系数稀疏性基础上发展起来的稀疏理论已经成熟并得到了大量的应用，需要将这部分内容加入到教材中。由于修改的部分较多，因此我们重新编写了该教材，并取名为《小波与稀疏逼近理论》。

和国内同类有关小波的书籍相比，本书的特点是：

(1) 目标明确。本书是作为工科数学课程的教材而编写的，所以更多地考虑了基本内容的完整性。

(2) 注重数学基础。在基础部分本书介绍了泛函分析的部分内容，在小波部分本书的重点放在小波的基本结构上，通过循序渐进的方式，将各种常用的小波构造表示出来。

(3) 从高维稀疏逼近的角度出发，通过对信号不同奇异性的分析，由小波逐步发展到脊波、曲线波。

(4) 将小波分析放在更大的稀疏表示的框架下讨论，从而引出字典学习。

后面两部分的内容是全新的。

本书的出版得到了国家自然科学基金的资助，也得到了西安电子科技大学研究生精品教材建设项目的资助，西安电子科技大学出版社的有关同志为本书的出版付出了辛勤的劳动，在此一并表示感谢。

由于作者水平有限，书中难免有欠妥之处，敬请读者不吝指正。

作　者

2019 年 6 月

目　　录

第 1 章　Fourier 线性稀疏逼近

神经生物学家的研究结果表明，哺乳动物的视觉皮层的接收场具有局部、方向、带通的特点。1996 年，Shausen 和 Field 的实验结果表明，视觉皮层的接收场特性使得人类的视觉系统用最少的视觉神经元就能捕获自然场景中的关键信息。也就是说，人类视觉系统能够对自然场景进行最稀疏的表示或者最稀疏的编码。

因此，数学家和其他领域的科学家们一直致力于寻找信号和图像的稀疏表示工具。人们发现对具有一定光滑性的函数，如 Sobolev 空间中的函数，基于 Fourier 基的线性稀疏逼近有较好的逼近效果。然而，当函数有间断时，上述逼近效果较差。此外，Fourier 分析不具有局部性和方向性。在 20 世纪 80 年代末和 90 年代出现了小波分析和基于小波基的非线性稀疏逼近。相较于 Fourier 分析，小波分析具有局部、方向和带通特性，而且能够稀疏刻画很多函数空间。小波分析理论产生之后，在信号和图像处理领域得到了大量成功的应用，而且小波分析理论的不断完善也得益于其在信号、图像处理中的应用，比如 JPEG2000 图像压缩标准和美国 FBI 指纹数据库均采用了小波变换。

本书主要讨论 $L^2(\mathbf{R})$空间的小波分析，要用到 $L^2(\mathbf{R})$空间的一些基础理论。因此，本章作为学习小波理论的准备，将在 1.1 节介绍 $L^2(\mathbf{R})$空间涉及的一些基本概念，包括距离、范数、内积等及其性质。但大部分结论不给出证明，证明过程可参考相关教材。小波分析理论的描述用到 Fourier 变换及其性质，为了方便读者阅读，1.2 节将简要回顾 Fourier 分析的基本内容。1.3 节将介绍一些函数空间和 Fourier 线性稀疏逼近的概念，并给出本书后续章节的主要结构和内容。

1.1　$L^2(\mathbf{R})$空间的基础理论

1. 距离空间

1）距离

距离是定义在非空集上用来计算元素间远近或差别的一种度量。

设 X 是一个非空集合，若对 X 中的任意两个元素 x、y，都对应一个实数，记作 $d(x, y)$，且满足如下三个公理：

（1）正定性：$d(x, y)\geqslant 0$，$d(x, y)=0$ 当且仅当 $x=y$；

（2）对称性：$d(x, y)=d(y, x)$；

（3）三角不等式：$d(x, y)\leqslant d(x, z)+d(z, y)$，$\forall z\in X$，

则称 $d(x, y)$为元素 x、y 的距离，(X, d)称为距离空间。

【例 1.1】 $\mathbf{R}^n$中的距离。

$\forall \boldsymbol{x}=(x_1, x_2, \cdots, x_n)$，$\boldsymbol{y}=(y_1, y_2, \cdots, y_n)\in \mathbf{R}^n$，常用如下距离：

· 欧氏距离或直线距离：

$$d_2(\boldsymbol{x}, \boldsymbol{y}) = \left(\sum_{i=1}^{n} |x_i - y_i|^2\right)^{1/2}$$

· 切比雪夫距离：

$$d_\infty(\boldsymbol{x}, \boldsymbol{y}) = \max_{1 \leqslant i \leqslant n} |x_i - y_i|$$

· Manhattan 距离或街区距离：

$$d_1(\boldsymbol{x}, \boldsymbol{y}) = \sum_{i=1}^{n} |x_i - y_i|$$

其一般形式为

$$d_p(\boldsymbol{x}, \boldsymbol{y}) = \left(\sum_{i=1}^{n} |x_i - y_i|^p\right)^{1/p}, \quad p \geqslant 1$$

也称为 Minkowski 距离。

【例 1.2】 平方可积函数空间 $L^2(\mathbf{R}) = \left\{ f(t) \left| \int_{\mathbf{R}} |f(t)|^2 \mathrm{d}t < +\infty \right. \right\}$中的距离。

$\forall f, g \in L^2(\mathbf{R})$，定义距离为

$$d(f, g) = \left(\int_{\mathbf{R}} |f(t) - g(t)|^2 \mathrm{d}t\right)^{1/2}$$

2）完备的距离空间

收敛性和完备性是距离空间的基本性质。

距离空间中点列的收敛性：设 $\{x_n\}$ 是距离空间 X 中的点列，$x \in X$，若有 $\lim\limits_{n \to \infty} d(x_n, x) = 0$，则称点列 $\{x_n\}$ 收敛于 x，记作 $\lim\limits_{n \to \infty} x_n = x$。

距离空间中的 Cauchy 列或基本列：设 $\{x_n\}$ 是距离空间 X 中的点列，若有 $\lim\limits_{m, n \to \infty} d(x_m, x_n) = 0$，则称点列 $\{x_n\}$ 为 Cauchy 列或基本列。

收敛点列和 Cauchy 列的关系：收敛点列一定是 Cauchy 列，反之不然。

完备的距离空间：若距离空间中所有 Cauchy 列都收敛，则称之为完备的距离空间。例 1.1、例 1.2 中的空间按照相应的距离都是完备的。

2. 赋范线性空间

1）线性空间

设 E 为非空集，K 是数域(常用的是实数域 $\mathbf{R}$ 或复数域 $\mathbf{C}$)，称 E 为数域 K 上的线性空间，如果在 E 上定义了满足式(1.1)运算规律的加法运算，且 E 对加法运算封闭，在数域 K 和 E 上定义了满足式(1.2)运算规律的数乘运算，且 E 对数乘运算封闭。

$$\text{“}+\text{”}: E \times E \to E, \quad \begin{cases} x + y = y + x \in E \\ x + (y + z) = (x + y) + z \in E \\ x + 0 = x \\ x + (-x) = 0 \end{cases} \tag{1.1}$$

$$\text{“}\cdot\text{”}: K \times E \to E, \quad \begin{cases} \alpha(\beta x) = (\alpha\beta)x \in E \\ 1 \cdot x = x,\ 0 \cdot x = 0 \\ (\alpha + \beta)x = \alpha x + \beta x \\ \alpha(x + y) = \alpha x + \alpha y \end{cases} \tag{1.2}$$

2）范数与赋范线性空间

范数是定义在线性空间上用来计算元素长度的一种度量。

设 E 为数域 K 上的线性空间，若对 E 中的任意元素 x，都对应一个实数，记作 $\|x\|$，且满足：

(1) 正定性：$\|x\| \geqslant 0$，$\|x\| = 0$ 当且仅当 $x=0$；

(2) 正齐性：$\|\alpha x\| = |\alpha|\ \|x\|$，$\forall \alpha \in K$；

(3) 三角不等式：$\|x+y\| \leqslant \|x\| + \|y\|$，$\forall y \in E$，

则称 $\|\cdot\|$ 为范数，称 $(E, \|\cdot\|)$ 为赋范线性空间。

完备的赋范线性空间称为 Banach 空间。

【例 1.3】 $\mathbf{R}^n$ 中的范数。

$\mathbf{R}^n$ 是实数域上的线性空间，$\forall \boldsymbol{x} = (x_1, x_2, \cdots, x_n)^{\mathrm{T}} \in \mathbf{R}^n$，常用如下范数：

· 欧氏范数或 2 -范数：

$$\|\boldsymbol{x}\|_2 = \left(\sum_{i=1}^{n} x_i^2\right)^{1/2}$$

· ∞-范数：

$$\|\boldsymbol{x}\|_\infty = \max_{1 \leqslant i \leqslant n} |x_i|$$

· 1 -范数：

$$\|\boldsymbol{x}\|_1 = \sum_{i=1}^{n} |x_i|$$

一般形式为 p -范数：

$$\|\boldsymbol{x}\|_p = \left(\sum_{i=1}^{n} |x_i|^p\right)^{1/p}, \quad p \geqslant 1$$

【例 1.4】 $L^2(\mathbf{R})$ 上的范数。

$L^2(\mathbf{R})$ 是复数域上的线性空间，常用如下范数：

$$\|f\| = \left(\int_{\mathbf{R}} |f(t)|^2 \mathrm{d}t\right)^{1/2}, \quad \forall f \in L^2(\mathbf{R})$$

3) 距离与范数的关系

一方面，在赋范线性空间中，由范数一定可以导出距离 $d(x, y) = \|x-y\|$，称为由范数导出的距离或对应于范数的距离；反之，距离不一定对应范数，若距离空间满足下列条件：

(1) X 是线性空间；

(2) $d(x, y) = d(x-y, 0)$；

(3) $d(\alpha x, 0) = |\alpha| d(x, 0)$，

则由距离可以导出范数：$\|x\| = d(x, 0)$。

3. 内积空间

1) 内积与内积空间

内积是定义在线性空间上的另一种度量，可用于度量元素的正交性。

设 E 为数域 K 上的线性空间，若对 E 中的任意元素 x 和 y，都对应数域 K 中的一个数，记作 $\langle x, y\rangle$ 或 (x, y)，且满足如下公理：

(1) 正定性：$\langle x, x\rangle \geqslant 0$，$\forall x$，$\langle x, x\rangle = 0$ 当且仅当 $x=0$；

(2) 共轭对称性：$\langle x, y\rangle = \overline{\langle y, x\rangle}$；

(3) 第一变元具有线性性质，即

$$\langle \alpha x, y\rangle = \alpha\langle x, y\rangle, \quad \forall \alpha \in K$$

$$\langle x+y, z\rangle = \langle x, z\rangle + \langle y, z\rangle, \quad \forall z \in E$$

则称$\langle x, y\rangle$为内积，$(E, \langle \cdot, \cdot \rangle)$称为内积空间。

完备的内积空间称为 Hilbert 空间。

【例 1.5】 $\mathbf{R}^n$ 上的内积。

$\mathbf{R}^n$ 是实数域上的线性空间，常用如下内积：

$$\langle \boldsymbol{x}, \boldsymbol{y}\rangle = \sum_{i=1}^{n} x_i y_i, \quad \forall \boldsymbol{x} = (x_1, x_2, \cdots, x_n)^{\mathrm{T}}, \boldsymbol{y} = (y_1, y_2, \cdots, y_n)^{\mathrm{T}} \in \mathbf{R}^n$$

【例 1.6】 $L^2(\mathbf{R})$上的内积。

$L^2(\mathbf{R})$是复数域上的线性空间，常用如下内积：

$$\langle f, g\rangle = \int_{\mathbf{R}} f(t)\,\overline{g(t)}\,\mathrm{d}t, \quad \forall f, g \in L^2(\mathbf{R})$$

【例 1.7】 $l^2 = \left\{(x_n)_{n\in\mathbf{Z}}: \sum_{n\in\mathbf{Z}} |x_n|^2 < \infty\right\}$是$L^2(\mathbf{R})$的离散化，也是复数域上的线性空间，常用如下内积：

$$\langle x, y\rangle = \sum_{n\in\mathbf{Z}} x_n\,\overline{y_n}, \quad \forall x_n, y_n \in l^2$$

其中，$\mathbf{Z}$ 为整数集。

2) 内积的性质

设 E 是数域 K 上的内积空间，$\forall x, y\in E$，内积具有如下重要性质：

(1) 内积满足 Cauchy - Schwarz 不等式：

$$|\langle x, y\rangle| \leqslant \sqrt{\langle x, x\rangle\langle y, y\rangle}$$

证明　$\forall x, y\in E$，$\forall \lambda\in K$，$\langle x+\lambda y, x+\lambda y\rangle\geqslant 0$，即

$$\langle x, x\rangle + \bar{\lambda}\langle x, y\rangle + \lambda\langle y, x\rangle + |\lambda|^2\langle y, y\rangle \geqslant 0$$

取 $\lambda = -\dfrac{\langle x, y\rangle}{\langle y, y\rangle}$(设 $y\neq 0$)，则

$$\langle x, x\rangle - \frac{|\langle x, y\rangle|^2}{\langle y, y\rangle} \geqslant 0$$

即

$$|\langle x, y\rangle|^2 \leqslant \langle x, x\rangle\langle y, y\rangle$$

不等式对 $y=0$ 显然也成立。

在 $L^2(\mathbf{R})$中内积的 Cauchy - Schwarz 不等式表现为

$$\left|\int_{\mathbf{R}} f(t)\,\overline{g(t)}\,\mathrm{d}t\right|^2 \leqslant \int_{\mathbf{R}} |f(t)|^2\mathrm{d}t \int_{\mathbf{R}} |g(t)|^2\mathrm{d}t$$

在 l^2 中内积的 Cauchy - Schwarz 不等式表现为

$$\left|\sum_{n\in\mathbf{Z}} x_n\,\overline{y_n}\right|^2 \leqslant \sum_{n\in\mathbf{Z}} |x_n|^2 \sum_{n\in\mathbf{Z}} |y_n|^2$$

(2) 内积可诱导范数：

$$\|x\| = \sqrt{\langle x, x\rangle}$$

(3) 内积导出的范数满足平行四边形公式：

$$\| x+y \|^2 + \| x-y \|^2 = 2(\| x \|^2 + \| y \|^2)$$

（4）内积 $\langle \cdot, \cdot \rangle$ 关于两个变量连续。

3）内积与范数的关系

如内积的性质(2)所述，由内积可以导出范数；反过来，范数不一定对应内积，当范数满足平行四边形公式时，可用下面的极化恒等式由范数导出内积：

$$\langle x, y \rangle = \frac{1}{4}(\| x+y \|^2 - \| x-y \|^2) + \frac{\mathrm{i}}{4}(\| x+\mathrm{i}y \|^2 - \| x-\mathrm{i}y \|^2)$$

4）正交性

可以利用内积定义各类正交性。设 E 是内积空间。

（1）$x, y \in E$，若 $\langle x, y \rangle = 0$，称 x 与 y 正交，记作 $x \perp y$。

（2）$x \in E$，$M \subset E$，若 $\forall y \in M$，$\langle x, y \rangle = 0$，称 x 与 M 正交，记作 $x \perp M$。

（3）$M, N \subset E$，若 $\forall x \in M$，$y \in N$，有 $\langle x, y \rangle = 0$，称 M 与 N 正交，记作 $M \perp N$。

（4）$M \subset E$，E 中所有与 M 正交的元素构成的集合称为 M 的正交补空间，记为 $M^{\perp}$。

（5）$x \in E$，M 是 E 的线性子空间，若存在 $x_0 \in M$，$x_1 \in M^{\perp}$，使得 $x = x_0 + x_1$（正交分解），则称 x_0 为 x 在 M 中的正交投影。

5）正交分解的性质

（1）内积空间中的商高定理，即若 $x \perp y$，则

$$\| x+y \|^2 = \| x \|^2 + \| y \|^2$$

（2）设 M 在 E 中稠密，$x \in U$，$x \perp M$，则 $x = 0$。

（3）$M \subset E$，$M^{\perp}$ 必为 E 的闭线性子空间。

（4）设 M 是 Hilbert 空间 H 的闭子空间，则 $\forall x \in H$，x 在 M 中存在唯一的正交投影，且正交投影 x_0 是 x 在 M 中的最佳逼近元。

4. Hilbert 空间中的 Fourier 分析

1）正交系和规范正交系

设 H 是 Hilbert 空间，序列 $\{x_1, x_2, x_3, \cdots\} \subset H$。

（1）若有 $\langle x_i, x_j \rangle = 0 (i \neq j)$，则称 $\{x_1, x_2, x_3, \cdots\}$ 为 H 中的一组正交系。

（2）若有 $\langle x_i, x_j \rangle = \begin{cases} 0, & i \neq j \\ 1, & i = j \end{cases}$，则称 $\{x_1, x_2, x_3, \cdots\}$ 为 H 中的一组规范（或标准）正交系。

（3）设 $\{\boldsymbol{e}_1, \boldsymbol{e}_2, \boldsymbol{e}_3, \cdots\}$ 为 H 中的规范正交系，若 $\forall x \in H$，$\langle x, \boldsymbol{e}_i \rangle = 0$，$\forall i$，必有 $x = 0$，则称 $\{\boldsymbol{e}_1, \boldsymbol{e}_2, \boldsymbol{e}_3, \cdots\}$ 为 H 中的一组完全规范正交系。

（4）设 $\{\boldsymbol{e}_1, \boldsymbol{e}_2, \boldsymbol{e}_3, \cdots\}$ 为 H 中的规范正交系，若 $\forall x \in H$，有 $\sum_{i=1}^{\infty} |\langle x, \boldsymbol{e}_i \rangle|^2 = \| x \|^2$（Parseval 等式），则称 $\{\boldsymbol{e}_1, \boldsymbol{e}_2, \boldsymbol{e}_3, \cdots\}$ 为 H 中的一组完备规范正交系。

2）规范正交系的构造方法

设 $\{g_1, g_2, \cdots\} \subset H$ 线性无关，可通过 Gram - Schmidt 正交化过程将其转化为规范正交系 $\{\boldsymbol{e}_1, \boldsymbol{e}_2, \cdots, \boldsymbol{e}_n, \cdots\}$，具体计算过程如下：

$$\boldsymbol{e}_1 = \frac{g_1}{\| g_1 \|}$$

$$\widetilde{\boldsymbol{e}}_2 = g_2 - \alpha_1 \boldsymbol{e}_1,\ \langle \widetilde{\boldsymbol{e}}_2, \boldsymbol{e}_1 \rangle = \langle g_2, \boldsymbol{e}_1 \rangle - \alpha_1 = 0 \Rightarrow \alpha_1 = \langle g_2, e_1 \rangle$$

$$\widetilde{\boldsymbol{e}}_3 = g_3 - \alpha_1 \boldsymbol{e}_1 - \alpha_2 \boldsymbol{e}_2,\ \boldsymbol{e}_3 = \frac{\widetilde{\boldsymbol{e}}_3}{\| \widetilde{\boldsymbol{e}}_3 \|}$$

依次类推。

$\mathbf{R}^n$ 中取 $\boldsymbol{e}_i=(0, \cdots, 1, 0, \cdots, 0)^{\mathrm{T}}$，则$\{\boldsymbol{e}_1, \boldsymbol{e}_2, \cdots, \boldsymbol{e}_n\}$是一组规范正交系；$L^2[0, 2\pi]$中，$\frac{1}{\sqrt{2\pi}}, \frac{1}{\sqrt{2\pi}}\{\cos nt, \sin nt\}_{n=1\sim\infty}$是一组规范正交系。

3）规范正交系的性质

设$\{\boldsymbol{e}_1, \boldsymbol{e}_2, \boldsymbol{e}_3, \cdots\}$为 H 中的规范正交系。

（1）令 $M=\mathrm{span}\{\boldsymbol{e}_1, \boldsymbol{e}_2, \cdots, \boldsymbol{e}_n\}$，则 $\forall x\in H$，x 在 M 中的正交投影为

$$x_0 = \sum_{i=1}^{n} \langle x, \boldsymbol{e}_i \rangle \boldsymbol{e}_i,\ \text{且}\ \| x_0 \|^2 = \sum_{i=1}^{n} | \langle x, \boldsymbol{e}_i \rangle |^2$$

（2）对 H 空间中的任意一组规范正交系，必有 Bessel 不等式成立：

$$\sum_{i=1}^{n} | \langle x, \boldsymbol{e}_i \rangle |^2 \leqslant \| x \|^2, \quad \forall n \in \mathbf{Z}^+$$

（3）以下说法等价：

① $\forall x\in H$，$x = \sum_{i=1}^{\infty} \langle x, \boldsymbol{e}_i \rangle \boldsymbol{e}_i$ 称为 x 在$\{\boldsymbol{e}_i\}$上的广义 Fourier 展开级数，$\langle x, \boldsymbol{e}_i \rangle$ 为广义 Fourier 系数。

② $x \perp \boldsymbol{e}_i (i = 1, 2, \cdots)$，则 $x = 0$。

③ $\forall x \in H$，$\| x \|^2 = \sum_{i=1}^{\infty} | \langle x, \boldsymbol{e}_i \rangle |^2$。

④ $M = \mathrm{span}\{\boldsymbol{e}_1, \boldsymbol{e}_2, \cdots\}$ 在 H 中稠密。

（4）$L^2(\mathbf{R})$是 Hilbert 空间，有至多可列的完全规范正交系。

（5）可分的 Hilbert 空间 H 与 l^2 代数同构。

5. 几种基的概念

1）无条件基

设 B 为 Banach 空间，$\{\varphi_i\}\subset B$ 称为 B 的无条件基，若满足：

（1）$\forall f\in B$，存在唯一的一组系数$\{\alpha_i\}$，使得 $f = \sum_i \alpha_i \varphi_i$，即 B 中任一元素都可用这组基元素唯一地线性表示。

（2）级数 $\sum_i \alpha_i \varphi_i$ 无条件收敛于 f，即级数 $\sum_i \alpha_i \varphi_i$ 收敛于 f 与其项的排列顺序无关，任意改变级数中项的排列顺序，仍收敛，且极限仍为 f。

2）Riesz 基

设 B 为 Banach 空间，$\{\varphi_i\}\subset B$ 称为 B 的 Riesz 基，若满足：

（1）$\forall f\in B$，存在唯一的一组系数$\{\alpha_i\}$，使得 $f = \sum_i \alpha_i \varphi_i$，即 B 中任一元素都可用这组基元素唯一地线性表示。

（2）存在两个正常数 C_1、C_2，使得 $f = \sum_i \alpha_i \varphi_i$ 满足：

$$C_1\left(\sum_i |\alpha_i|^2\right)^{1/2} \leqslant \left\| \sum_i \alpha_i \boldsymbol{e}_i \right\|_B \leqslant C_2\left(\sum_i |\alpha_i|^2\right)^{1/2}$$

无条件基和 Riesz 基的关系是：在 Banach 空间中，Riesz 基一定是无条件基，而无条件基不一定是 Riesz 基；在 Hilbert 空间中两者等价。

3）框架

设 H 是 Hilbert 空间，$\{\varphi_i\}_{i\in J}\subset H$ 称为 H 的一个框架，若存在两个正常数 A 和 B，使得 $\forall f\in H$，有

$$A\|f\|^2 \leqslant \sum_{j\in J} |\langle f, \varphi_j\rangle|^2 \leqslant B\|f\|^2$$

其中，A 称为框架下界，B 称为框架上界。若 $A=B$，称框架为紧框架。若 $A=B=1$，有 $\sum_{j\in J} |\langle f, \varphi_j\rangle|^2 = \|f\|^2$。

【例 1.8】 $\mathbf{R}^2$ 中，$\boldsymbol{e}_1=(1, 0)^{\mathrm{T}}$，$\boldsymbol{e}_2=(0, 1)^{\mathrm{T}}$，$\boldsymbol{e}_3=\frac{1}{\sqrt{2}}(\boldsymbol{e}_1+\boldsymbol{e}_2)$，$\boldsymbol{e}_4=\frac{1}{\sqrt{2}}(\boldsymbol{e}_2-\boldsymbol{e}_1)$，则 $\{\boldsymbol{e}_1, \boldsymbol{e}_2\}$、$\{\boldsymbol{e}_3, \boldsymbol{e}_4\}$分别构成 $\mathbf{R}^2$ 的两组规范正交基。显然 $\forall f\in\mathbf{R}^2$，有

$$f=\langle f, \boldsymbol{e}_1\rangle\boldsymbol{e}_1+\langle f, \boldsymbol{e}_2\rangle\boldsymbol{e}_2，且 \|f\|^2=|\langle f, \boldsymbol{e}_1\rangle|^2+|\langle f, \boldsymbol{e}_2\rangle|^2$$

$$f=\langle f, \boldsymbol{e}_3\rangle\boldsymbol{e}_3+\langle f, \boldsymbol{e}_4\rangle\boldsymbol{e}_4，且 \|f\|^2=|\langle f, \boldsymbol{e}_3\rangle|^2+|\langle f, \boldsymbol{e}_4\rangle|^2$$

因此有 $\sum_{j=1}^{4} |\langle f, \boldsymbol{e}_j\rangle|^2 = 2\|f\|^2$，即$\{\boldsymbol{e}_1, \boldsymbol{e}_2, \boldsymbol{e}_3, \boldsymbol{e}_4\}$构成 $\mathbf{R}^2$ 的一个紧框架，且$A=B=2$。

例 1.8 表明，框架中的元素可能线性相关，用框架线性表示向量不唯一。例如，例 1.8 有 $f=\alpha_1\boldsymbol{e}_1+\alpha_2\boldsymbol{e}_2$，$f=\alpha_3\boldsymbol{e}_3+\alpha_4\boldsymbol{e}_4$。

Riesz 基一定是框架，线性无关的框架构成 Riesz 基。框架与规范正交基的关系见定理 1.1。

定理 1.1　若 Hilbert 空间 H 中有框架$\{\varphi_i\}_{j\in J}$，$\|\varphi_j\|=1$，且 $A=B=1$，则$\{\varphi_j\}_{j\in J}$为 H 的规范正交基。

6. 其他概念

（1）整数平移规范正交性。

设 $\varphi\in L^2(\mathbf{R})$，称 $\varphi(x)$是整数平移规范正交的，若 $\varphi(x)$的整数平移系$\{\varphi(x-k), k\in\mathbf{Z}\}$是一族规范正交系，则

$$\langle\varphi(x-k), \varphi(x-l)\rangle=\delta_{kl}=\begin{cases}1, & k=l\\0, & k\neq l\end{cases}$$

（2）消失矩。

对函数 $\psi(t)\in L^2(\mathbf{R})$，若$\int_{\mathbf{R}} t^r\psi(t)\mathrm{d}t=0$，$r=0, 1, \cdots, N-1$，则称 $\psi(t)$具有 N 阶消失矩(Vanishing moment)。

（3）支撑集。

对函数 $\varphi(t)$，称集合 $\mathrm{supp}\varphi=\overline{\{t\in\mathbf{R}\,|\,\varphi(t)\neq0\}}$为 φ 的支撑集，若 $\mathrm{supp}\varphi$ 为有限区间或有限区间的并，则称 φ 是紧支函数。

（4）对称性。

对函数 $\varphi(t)$，若 $\varphi(a+t)=\varphi(a-t)$，则称 $\varphi(t)$关于 a 偶对称，$t=a$ 为对称轴；若

$\varphi(a+t)=-\varphi(a-t)$，则称 $\varphi(t)$关于 a 奇对称，a 点为对称中心。

1.2 Fourier 变换

1. 周期信号的 Fourier 级数

令 $H=L^2(I)$，$I=[-T/2, T/2]$，表示周期为 T 且在一个周期内能量有限的信号的全体。令 $\xi=2\pi/T$，则 $\{1, \cos n\xi t, \sin n\xi t\}_{n=1}^{\infty}$ 是 H 的正交基。

设 $f\in H$，且满足狄氏条件：

(1) 连续或只有有限个第一类间断点；

(2) 只有有限个极值点，

则 f 可展成如下三角形式的 Fourier 级数：

$$f(t)=\frac{a_0}{2}+\sum_{n=1}^{\infty}(a_n\cos n\xi t+b_n\sin n\xi t)$$

其中，Fourier 系数定义如下：

$$a_0=\frac{2}{T}\int_{-\frac{T}{2}}^{\frac{T}{2}}f(t)\,\mathrm{d}t$$

$$a_n=\frac{2}{T}\int_{-\frac{T}{2}}^{\frac{T}{2}}f(t)\cos n\xi t\,\mathrm{d}t$$

$$b_n=\frac{2}{T}\int_{-\frac{T}{2}}^{\frac{T}{2}}f(t)\sin n\xi t\,\mathrm{d}t$$

或复指数形式的 Fourier 级数：

$$f(t)=\sum_{n=-\infty}^{+\infty}c_n\mathrm{e}^{\mathrm{i}n\xi t}=\frac{1}{T}\sum_{n=-\infty}^{+\infty}\left[\int_{-\frac{T}{2}}^{\frac{T}{2}}f(t)\mathrm{e}^{-\mathrm{i}n\xi t}\,\mathrm{d}t\right]\mathrm{e}^{\mathrm{i}n\xi t}$$

2. 非周期信号的 Fourier 积分变换

1) Fourier 积分变换

设 $f(t)\in L^1(\mathbf{R})\cap L^2(\mathbf{R})$，且 $f(t)$在任何有限区间$[-T/2, T/2]$上满足狄氏条件，则可定义 f 的 Fourier 积分变换：

$$\mathscr{F}[f]=\hat{f}(\xi)=\frac{1}{\sqrt{2\pi}}\int_{-\infty}^{+\infty}f(t)\mathrm{e}^{\mathrm{i}\xi t}\,\mathrm{d}t$$

和逆变换：

$$\mathscr{F}^{-1}[\hat{f}]=f(t)=\frac{1}{\sqrt{2\pi}}\int_{-\infty}^{+\infty}\hat{f}(\xi)\mathrm{e}^{-\mathrm{i}\xi t}\,\mathrm{d}\xi$$

2) Fourier 积分变换的性质

用记号 $f(t)\leftrightarrow\hat{f}(\xi)$表示 Fourier 变换对。

(1) 线性性质：

$$af_1(t)+bf_2(t)\leftrightarrow a\hat{f}_1(\xi)+b\hat{f}_2(\xi)$$

其中，a、b 为任意常数。

(2) 时域平移性质：

$$f(t-\tau) \leftrightarrow \hat{f}(\xi)\mathrm{e}^{-\mathrm{i}\xi\tau}$$

(3) 频域平移性质：

$$f(t)\mathrm{e}^{\mathrm{i}\omega t} \leftrightarrow \hat{f}(\xi-\omega)$$

(4) 尺度变换性质：

$$f(at)\leftrightarrow \frac{1}{|a|}\hat{f}\left(\frac{\xi}{a}\right),\quad a\neq 0$$

(5) 时域微分特性：

$$\frac{\mathrm{d}f(t)}{\mathrm{d}t} \leftrightarrow \mathrm{i}\xi\hat{f}(\xi)$$

(6) 时域积分特性：

$$\int_{-\infty}^{t} f(\tau)\mathrm{d}\tau \leftrightarrow \pi\hat{f}(0)\delta(\xi)+\frac{1}{\mathrm{i}\xi}\hat{f}(\xi)$$

特别当 $\hat{f}(0)=0$ 时，有

$$\int_{-\infty}^{t} f(\tau)\mathrm{d}\tau \leftrightarrow \frac{1}{\mathrm{i}\xi}\hat{f}(\xi)$$

(7) 频域微分特性：

$$\frac{\mathrm{d}\hat{f}(\xi)}{\mathrm{d}\xi} \leftrightarrow (-\mathrm{i}t)f(t) \quad 或 \quad \mathrm{i}\,\frac{\mathrm{d}\hat{f}(\xi)}{\mathrm{d}\xi} \leftrightarrow tf(t)$$

一般地，有

$$\frac{\mathrm{d}\hat{f}^{n}(\xi)}{\mathrm{d}\xi^{n}} \leftrightarrow (-\mathrm{i}t)^{n}f(t) \quad 或 \quad t^{n}f(t) \leftrightarrow \mathrm{i}^{n}\,\frac{\mathrm{d}^{n}\hat{f}(\xi)}{\mathrm{d}\xi^{n}}$$

(8) 对称(偶)性：

$$\hat{f}(t) \leftrightarrow f(-\xi)$$

当 $f(t)$ 是 t 的偶函数时，有

$$f(\xi) \leftrightarrow \hat{f}(t)$$

(9) 奇、偶、虚、实性：

$f(t)$ 为实值函数时，$\hat{f}(\xi)$ 的模与辐角、实部与虚部表示形式为

$$\begin{aligned}\hat{f}(\xi) &= \frac{1}{\sqrt{2\pi}}\int_{-\infty}^{+\infty} f(t)\mathrm{e}^{-\mathrm{i}\xi t}\,\mathrm{d}t \\ &= \frac{1}{\sqrt{2\pi}}\int_{-\infty}^{+\infty} f(t)\cos\xi t\,\mathrm{d}t - \mathrm{i}\,\frac{1}{\sqrt{2\pi}}\int_{-\infty}^{+\infty} f(t)\sin\xi t\,\mathrm{d}t \\ &= R(\xi)+\mathrm{i}X(\xi) = |\hat{f}(\xi)|\,\mathrm{e}^{\mathrm{i}\phi(\xi)}\end{aligned}$$

Fourier 变换的实部 $R(\xi)=\dfrac{1}{\sqrt{2\pi}}\displaystyle\int_{-\infty}^{+\infty} f(t)\cos\xi t\,\mathrm{d}t = R(-\xi)$，是偶函数；

虚部 $X(\xi)=-\dfrac{1}{\sqrt{2\pi}}\displaystyle\int_{-\infty}^{+\infty} f(t)\sin\xi t\,\mathrm{d}t = -X(-\xi)$，是奇函数；

模 $|\hat{f}(\xi)| = \sqrt{R^{2}(\xi)+X^{2}(\xi)} = |\hat{f}(-\xi)|$，是偶函数；

相位 $\phi(\xi)=\arctan\dfrac{X(\xi)}{R(\xi)}=-\phi(-\xi)$，是奇函数。

特别当 $f(t)$ 为实偶函数时，有

$$X(\xi)=-\frac{1}{\sqrt{2\pi}}\int_{-\infty}^{+\infty}f(t)\sin\xi t\,\mathrm{d}t=0$$

$$\hat{f}(\xi)=2R(\xi)=2\frac{1}{\sqrt{2\pi}}\int_{0}^{+\infty}f(t)\cos\xi t\,\mathrm{d}t$$

上式表明，当 $f(t)$ 为实偶函数时，$\hat{f}(\xi)$ 必为实偶函数。

当 $f(t)$ 为是实奇函数时，有

$$R(\xi)=\frac{1}{\sqrt{2\pi}}\int_{-\infty}^{+\infty}f(t)\cos\xi t\,\mathrm{d}t=0$$

$$\hat{f}(\xi)=\mathrm{i}X(\xi)=-\mathrm{i}\frac{1}{\sqrt{2\pi}}\int_{-\infty}^{+\infty}f(t)\sin\xi t\ \mathrm{d}t$$

上式表明，当 $f(t)$ 为实奇函数时，$\hat{f}(\xi)$ 必为虚奇函数。

（10）时域卷积定理：

$$f_1(t)*f_2(t)\leftrightarrow\sqrt{2\pi}\hat{f}_1(\xi)\hat{f}_2(\xi)$$

其中，卷积运算定义为

$$f_1(t)*f_2(t)=\int_{-\infty}^{+\infty}f_1(\tau)f_2(t-\tau)\mathrm{d}\tau$$

（11）频域卷积定理：

$$f_1(t)f_2(t)\leftrightarrow\sqrt{2\pi}\hat{f}_1(\xi)*\hat{f}_2(\xi)$$

（12）Plancherel 恒等式与 Parseval 恒等式：

Plancherel 恒等式：

$$\langle f(t),\ g(t)\rangle=\langle\hat{f}(\xi),\ \hat{g}(\xi)\rangle$$

Parseval 恒等式：

$$\int_{-\infty}^{+\infty}|f(t)|^2\mathrm{d}t=\int_{-\infty}^{+\infty}|\hat{f}(\xi)|^2\mathrm{d}\xi$$

1.3 Fourier 线性稀疏逼近

设 $\{\varphi_i(x)\}_{i=1}^{\infty}$ 是 L^2 空间的规范正交基，即有

$$\langle\varphi_i,\ \varphi_j\rangle=\delta_{i,j}=\begin{cases}1,\ i=j\\0,\ i\neq j\end{cases}$$

则对任给的函数 $f(x)\in L^2(\Omega)$，可用这组规范正交基唯一表示为

$$f(x)=\sum_{i=1}^{\infty}\alpha_i\varphi_i(x),\quad \alpha_i=\langle f,\ \varphi_i\rangle$$

因此函数 $f(x)$ 和系数 $\{\alpha_i\}$ 一一对应。我们希望 $\{\alpha_i\}$ 是稀疏的，即其中大部分系数为 0，这有助于进一步的处理，如压缩、去噪等。使系数 $\{\alpha_i\}$ 稀疏的直接方法是进行如下的线性逼近（前 N 项和逼近，相当于保留前 N 个系数，而其他系数置 0）：

$$f(x)\approx\sum_{i=1}^{N}\alpha_i\varphi_i(x)$$

逼近误差 $\varepsilon_l(N) = \left\| \sum_{i=N+1}^{\infty} \alpha_i \varphi_i \right\|_2^2$。为了衡量这种稀疏逼近的性能，需要对逼近误差 $\varepsilon_l(N)$ 进行分析，我们希望知道什么时候上述逼近误差是小的。

1. Sobolev 空间中的 Fourier 基线性稀疏逼近

Fourier 变换的微分性质表明，$f'(x)$ 的 Fourier 变换是 $\mathrm{i}\xi \hat{f}(\xi)$。利用 Plancherel 公式，如果 $\int_{-\infty}^{\infty} |\xi|^2 |\hat{f}(\xi)|^2 \mathrm{d}\xi = \int_{-\infty}^{\infty} |f'(x)|^2 \mathrm{d}x < +\infty$，则 $f'(x) \in L^2(\mathbf{R})$。这表明我们可以基于 Fourier 变换来定义导数，从而替代传统的基于点态函数值变化的导数定义。

定义 1.1(Sobolev 意义下的导数)　如果 $\int_{-\infty}^{\infty} |\xi|^2 |\hat{f}(\xi)|^2 \mathrm{d}\xi < +\infty$，则称 $f \in L^2(\mathbf{R})$ 是 Sobolev 意义下可导的。进一步地，对任意实数 $s > 0$，如果它的 Fourier 变换满足 $\int_{-\infty}^{\infty} |\xi|^{2s} |\hat{f}(\xi)|^2 \mathrm{d}\xi < +\infty$，则称 f 是 s 阶 Sobolev 可导的。

可以证明，如果 $s>n+1/2$，则 f 在传统导数意义下是 n 阶连续可导的。利用 Sobolev 导数，可以定义 s 阶 Sobolev 空间 $W^s(\mathbf{R})$（$W^s[0, 1]$）为 $\mathbf{R}$（$[0, 1]$）上的 s 阶 Sobolev 可导函数的全体。

定义 1.2　Sobolev 空间 $W^s(\mathbf{R})$ 和 $W^s[0, 1]$ 分别为

$$W^s(\mathbf{R}) = \left\{ f: \int_{-\infty}^{\infty} |\xi|^{2s} |\hat{f}(\xi)|^2 \mathrm{d}\xi < +\infty \right\}$$

$$W^s[0, 1] = \left\{ f: \sum_{k=-\infty}^{\infty} |k|^{2s} |\langle f(u), \mathrm{e}^{\mathrm{i}2\pi k u} \rangle|^2 < +\infty \right\}$$

定理 1.2(Sobolev 空间中的 Fourier 基线性逼近)　设线性逼近误差 $\varepsilon_l(N) = \| f - f_N \|_2^2$，其中 $f(x) \approx f_N(x) = \sum_{|n| \leqslant N/2} \langle f(u), \mathrm{e}^{\mathrm{i}2\pi n u} \rangle \mathrm{e}^{\mathrm{i}2\pi n x}$，则 $f \in W^s[0, 1]$ 的充分必要条件是 $\sum_{N=1}^{\infty} N^{2s} \frac{\varepsilon_l(N)}{N} < +\infty$，这时有 $\varepsilon_l(N) = O(N^{-2s})$。

上述结论表明，当函数属于 Sobolev 空间时，用 Fourier 基进行线性逼近能够得到很好的逼近效果。光滑性参数 s 越大，用 Fourier 基进行线性逼近的误差 $\varepsilon_l(N)$ 衰减得越快。

2. 间断函数的 Fourier 基线性稀疏逼近

当 $s>n+1/2$ 时，f 是 n 阶连续可微的，所以当 f 不连续时，对任何 $s>1/2$，$f \notin W^s[0, 1]$，我们就无法得到较快的误差 $\varepsilon_l(N)$ 的衰减率。为处理间断性，常假定函数 $f(x)$ 属于有界变差函数（Bounded Variation，BV）空间，而不属于高阶的 Sobolev 空间。当 $f(x)$ 属于 BV 空间时，线性 Fourier 基稀疏逼近的误差 $\varepsilon_l(N)$ 又将如何呢？

设函数 $f(x) \in L^1(\Omega)$，如果 f 的总变差（Total Variation，TV）是有界的，即

$$\| f \|_{\mathrm{TV}} = \int_{\Omega} |\nabla f(x)| \mathrm{d}x < +\infty$$

其中，$|\nabla f(x)|$ 表示 f 的梯度模，其中的导数是在广义函数或分布意义下取得的，则称 f 是有界变差函数。有界变差函数空间记作 $\mathrm{BV}(\Omega) = \{ f(x) \in L^1(\Omega): \| f \|_{\mathrm{TV}} < \infty \}$。

定理 1.3(BV 空间的 Fourier 基线性逼近)　如果 f 是有界变差函数，则 Fourier 基的线性稀疏逼近的误差 $\varepsilon_l(N) = O(\| f \|_{\mathrm{TV}}^2 N^{-1})$。

显然，误差衰减的速度比较慢，要达到好的逼近，就需要更多的项，这将导致稀疏性变差。进一步，如果 $f(x)$ 是分片光滑函数，则基于 Fourier 基的线性稀疏逼近的误差 $\varepsilon_l(N)=O(N^{-\beta})$，$\beta<1$。可见，误差衰减的速度也很慢。例如在图 1.1 中，图(a)是原始信号，带有间断；图(b)是取 128 项 Fourier 低频分量的逼近。

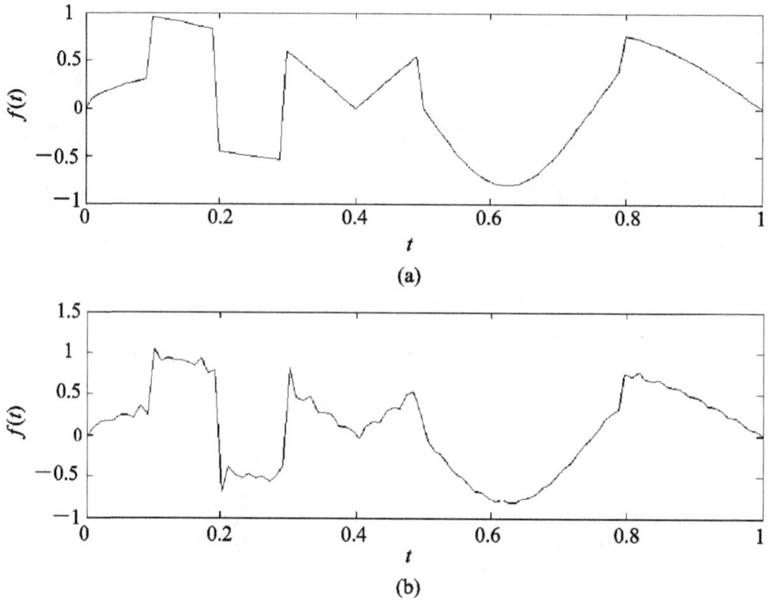

图 1.1　分片光滑函数的 Fourier 基线性稀疏逼近

上面的分析表明，为了使非光滑的函数得到好的稀疏逼近效果，我们需要构造一组新的 $L^2(\mathbf{R})$ 空间中的标准正交基和对应的非线性稀疏逼近方法，这是我们后面各章要处理的主要任务。

本书后续各章的主要结构和内容如下：

第 2 章首先介绍多分辨分析的概念，接着在假定已有一个多分辨分析的基础上，讨论如何从多分辨分析出发构造规范正交小波。第 3 章讨论多分辨分析的构造问题，给出由尺度函数构造多分辨分析的条件和方法，并给出 Meyer 小波和样条小波。第 4 章讨论如何构造紧支规范正交尺度函数和小波函数，并给出著名的 Daubechies 小波。第 5 章讨论小波级数变换与连续小波变换，给出著名的 Mallat 分解算法和重构算法，并讨论连续小波变换的时频特性。第 6 章将讨论基于小波基的非线性逼近问题。我们将看到，当函数间断时用小波基进行非线性稀疏逼近能得到较好的逼近效果。第 7 章和第 8 章将讨论正交小波基的变形以及进一步的发展，包括双正交小波、小波包、区间小波、高维小波、脊波、曲线波和基于字典学习的稀疏表示方法。

第 2 章　从多分辨分析到小波

20 世纪 80 年代，法国地质学家 Morlet 构造了 Morlet 小波；法国数学家 Meyer 构造出了 Meyer 小波，并证明了一维小波基的存在；Lemarie 和 Battle 构造了具有指数衰减的样条小波。这些都是不同领域的科学家依其研究背景构造出的小波，不是一个统一的方法。1988 年，S. Mallat 和 Y. Meyer 分析了已知小波的共同结构和特性，提出了多分辨分析(Multiresolution Analysis)的概念，为小波的构造建立了统一的框架。

本章主要讨论如何从多分辨分析出发构造规范正交小波，内容安排如下：2.1 节介绍多分辨分析的概念，2.2 节讨论尺度函数的双尺度方程，2.3 节讨论空间 $L^2(\mathbf{R})$的正交分解，2.4 节讨论小波函数的构造，2.5 节简单介绍多分辨分析与小波的关系。

2.1　多分辨分析(MRA)的定义

1. 多分辨分析

定义 2.1 多分辨分析(MRA)　设$\{V_j\}_{j\in\mathbf{Z}}$是 $L^2(\mathbf{R})$中的一个闭子空间序列，若满足：

(1) 单调性：$V_j\subset V_{j+1}$，$j\in\mathbf{Z}$；

(2) 逼近性：$\overline{\bigcup_{j\in\mathbf{Z}} V_j} = L^2(\mathbf{R})$，$\bigcap_{j\in\mathbf{Z}} V_j = \{0\}$；

(3) 平移不变性：$\forall f(x)\in V_j$，有 $f\left(x-\frac{k}{2^j}\right)\in V_j$，$\forall k\in\mathbf{Z}$；

(4) 伸缩性：$\forall f(x)\in V_j$，有 $f(2x)\in V_{j+1}$；

(5) 存在函数 $g(x)\in V_0$，使得$\{g(x-k)\,|\,k\in\mathbf{Z}\}$构成 V_0 的 Riesz 基，

则称$(\{V_j\}_{j\in\mathbf{Z}}, g(x))$构成 $L^2(\mathbf{R})$的一个多分辨分析，$g(x)$称为 Riesz 尺度函数，j 称为分辨率或尺度，V_j 是对 $L^2(\mathbf{R})$空间在不同分辨率下的逼近，也称为尺度子空间。

2. 尺度函数的规范正交化

由定义 2.1 的条件知$\{g(2^jx-k)\}_{k\in\mathbf{Z}}$构成 V_j 的 Riesz 基。通常还需要进一步构造 V_j 的规范正交基，以便求 $f(x)$在 V_j 中的正交投影。对于整数平移 Riesz 系的规范正交化，在频域有一个简单形式(见定理 2.1)。在给出其具体形式之前，我们需要如下结论。

引理 2.1　关于由单个函数的整数平移生成的 Riesz 系，下面两个说法是等价的：

(1) $\{g(x-k)\}_{k\in\mathbf{Z}}$是 $L^2(\mathbf{R})$的一个 Riesz 系，即$\exists A, B>0$，$\forall \{a_k\}\in l^2(z)$，有

$$A\sum_{k\in\mathbf{Z}} |a_k|^2 \leqslant \left\| \sum_k a_k g(x-k)\right\|_{L^2}^2 \leqslant B\sum_{k\in\mathbf{Z}} |a_k|^2$$

(2) $\exists c_1, c_2>0$，使得 $c_1 \leqslant \sum_{k\in\mathbf{Z}} |\hat{g}(\xi+2k\pi)|^2 \leqslant c_2$ 对任意 ξ 成立。

证明 记 $A(\xi)=\frac{1}{\sqrt{2\pi}}\sum_{k\in\mathbf{Z}} a_k \mathrm{e}^{-\mathrm{i}k\xi}$，是一个 2π 周期函数，且

$$\sum_k |a_k|^2 = \frac{1}{2\pi}\int_0^{2\pi} \left|\sum_k a_k \mathrm{e}^{-\mathrm{i}k\xi}\right|^2 \mathrm{d}\xi$$

又

$$\begin{aligned}
\left\|\sum_k a_k g(x-k)\right\|^2 &= \left\|\left[\sum_k a_k g(x-k)\right]^{\wedge}\right\|^2 = \left\|\sum_k a_k \mathrm{e}^{-\mathrm{i}k\xi}\hat{g}(\xi)\right\|^2 \\
&= \left\|\hat{g}(\xi)\sum_k a_k \mathrm{e}^{-\mathrm{i}k\xi}\right\|^2 = \int_{\mathbf{R}} \left|\hat{g}(\xi)\sum_k a_k \mathrm{e}^{-\mathrm{i}k\xi}\right|^2 \mathrm{d}\xi \\
&= \int_{\mathbf{R}} \left|\sum_k a_k \mathrm{e}^{-\mathrm{i}k\xi}\right|^2 |\hat{g}(\xi)|^2 \mathrm{d}\xi \\
&= \sum_{l\in\mathbf{Z}} \int_{2\pi l}^{2\pi(l+1)} \left|\sum_k a_k \mathrm{e}^{-\mathrm{i}k\xi}\right|^2 |\hat{g}(\xi)|^2 \mathrm{d}\xi \\
&\xlongequal{\eta=\xi-2\pi l} \sum_{l\in\mathbf{Z}} \int_0^{2\pi} \left|\sum_k a_k \mathrm{e}^{-\mathrm{i}k(\eta+2\pi l)}\right|^2 |\hat{g}(\eta+2\pi l)|^2 \mathrm{d}\eta \\
&= \sum_{l\in\mathbf{Z}} \int_0^{2\pi} \left|\sum_k a_k \mathrm{e}^{-\mathrm{i}k\eta}\right|^2 |\hat{g}(\eta+2\pi l)|^2 \mathrm{d}\eta \\
&= \int_0^{2\pi} \left|\sum_k a_k \mathrm{e}^{-\mathrm{i}k\eta}\right|^2 \sum_{l\in\mathbf{Z}} |\hat{g}(\eta+2\pi l)|^2 \mathrm{d}\eta
\end{aligned}$$

因此

$$\begin{aligned}
\int_0^{2\pi} \frac{A}{2\pi}\left|\sum_k a_k \mathrm{e}^{-\mathrm{i}k\xi}\right|^2 \mathrm{d}\xi &= A\sum_k |a_k|^2 \leqslant \left\|\sum_k a_k g(x-k)\right\|_{L^2}^2 \\
&= \int_0^{2\pi} \left|\sum_k a_k \mathrm{e}^{-\mathrm{i}k\eta}\right|^2 \sum_{l\in\mathbf{Z}} |\hat{g}(\eta+2\pi l)|^2 \mathrm{d}\eta \\
&\leqslant B\sum_k |a_k|^2 = \int_0^{2\pi} \frac{B}{2\pi}\left|\sum_k a_k \mathrm{e}^{-\mathrm{i}k\xi}\right|^2 \mathrm{d}\xi
\end{aligned}$$

从而

$$\int_0^{2\pi} \left|\sum_k a_k \mathrm{e}^{-\mathrm{i}k\eta}\right|^2 \left[\sum_{l\in\mathbf{Z}} |\hat{g}(\eta+2\pi l)|^2 - \frac{A}{2\pi}\right] \mathrm{d}\eta \geqslant 0$$

因此

$$\sum_{l\in\mathbf{Z}} |\hat{g}(\eta+2\pi l)|^2 \geqslant \frac{A}{2\pi}, \quad a.e.$$

类似可证另一边，所以

$$c_1 \stackrel{\text{def}}{=} \frac{A}{2\pi} \leqslant \sum_l |\hat{g}(\xi+2\pi l)|^2 \leqslant \frac{B}{2\pi} \stackrel{\text{def}}{=} c_2$$

引理 2.2 关于由单个函数的整数平移生成的规范正交系，下面两个说法是等价的：

(1) $\{\varphi(x-k)\}_{k\in\mathbf{Z}}$ 构成规范正交系，即 $\langle\varphi(x-k), \varphi(x-l)\rangle = \begin{cases}1, & k=l\\ 0, & k\neq l\end{cases}$。

(2) $\sum_{m\in\mathbf{Z}} |\hat{\varphi}(\xi+2m\pi)|^2 = \frac{1}{2\pi}$，对任意 ξ 成立。

证明　设$\{\varphi(x-k)\}_{k\in\mathbf{Z}}$构成规范正交系，即

$$\begin{aligned}\langle\varphi(x-k),\varphi(x-l)\rangle&=\langle[\varphi(x-k)]^{\wedge},[\varphi(x-l)]^{\wedge}\rangle=\langle\hat{\varphi}(\xi)\mathrm{e}^{-\mathrm{i}k\xi},\hat{\varphi}(\xi)\mathrm{e}^{-\mathrm{i}l\xi}\rangle\\&=\int_{-\infty}^{+\infty}\hat{\varphi}(\xi)\mathrm{e}^{-\mathrm{i}k\xi}\overline{\hat{\varphi}(\xi)\mathrm{e}^{\mathrm{i}l\xi}}\mathrm{d}\xi=\int_{-\infty}^{+\infty}|\hat{\varphi}(\xi)|^2\mathrm{e}^{-\mathrm{i}(k-l)\xi}\mathrm{d}\xi\\&=\sum_{m\in\mathbf{Z}}\int_{2\pi m}^{2\pi(m+1)}|\hat{\varphi}(\xi)|^2\mathrm{e}^{-\mathrm{i}(k-l)\xi}\mathrm{d}\xi\end{aligned}$$

令

$$\begin{aligned}\eta=\xi-2m\pi&=\sum_{m\in\mathbf{Z}}\int_0^{2\pi}|\hat{\varphi}(\eta+2m\pi)|^2\mathrm{e}^{-\mathrm{i}(k-l)\eta}\mathrm{d}\eta\\&=\int_0^{2\pi}\sum_{m\in\mathbf{Z}}|\varphi(\eta+2m\pi)|^2\mathrm{e}^{-\mathrm{i}(k-l)\eta}\mathrm{d}\eta\\&=\begin{cases}1, & k=l\\0, & k\neq l\end{cases}\end{aligned}$$

又

$$\frac{1}{2\pi}\int_0^{2\pi}\mathrm{e}^{-\mathrm{i}(k-l)\eta}\mathrm{d}\eta=\begin{cases}1, & k=l\\0, & k\neq l\end{cases}$$

两式相减，得

$$\int_0^{2\pi}\left[\sum_{m\in\mathbf{Z}}|\hat{\varphi}(\eta+2m\pi)|^2-\frac{1}{2\pi}\right]\mathrm{e}^{-\mathrm{i}(k-l)\eta}\mathrm{d}\eta=0,\quad\forall k,l$$

因此

$$\sum_{m\in\mathbf{Z}}|\hat{\varphi}(\eta+2m\pi)|^2=\frac{1}{2\pi}$$

反之易证。

定理 2.1(Riesz 尺度函数的规范正交化)　设$(\{V_j\}_{j\in\mathbf{Z}}, g(x))$构成$L^2(\mathbf{R})$的一个 MRA，则存在函数$\varphi(x)\in V_0$，使$\{\varphi(x-k), k\in\mathbf{Z}\}$构成$V_0$的规范正交基，并将$\varphi(x)$称为规范正交的尺度函数。

证明　取$\hat{\varphi}(\xi)=\dfrac{1}{\sqrt{2\pi}}\dfrac{\hat{g}(\xi)}{\left(\sum\limits_m|\hat{g}(\xi+2m\pi)|^2\right)^{1/2}}$，令$A(\xi)=\sum\limits_m|\hat{g}(\xi+2m\pi)|^2$(具有$2\pi$周期性)，则

$$\hat{\varphi}(\xi)=\frac{1}{\sqrt{2\pi}}\frac{\hat{g}(\xi)}{\sqrt{A(\xi)}}$$

$$\sum_{k\in\mathbf{Z}}|\hat{\varphi}(\xi+2k\pi)|^2=\frac{1}{2\pi}\sum_{k\in\mathbf{Z}}\frac{|\hat{g}(\xi+2k\pi)|^2}{A(\xi+2k\pi)}=\frac{1}{2\pi}\frac{\sum\limits_{k\in\mathbf{Z}}|\hat{g}(\xi+2k\pi)|^2}{A(\xi)}=\frac{1}{2\pi}$$

因此$\{\varphi(x-k), k\in\mathbf{Z}\}$构成$V_0$的规范正交系，由$\{g(x-k), k\in\mathbf{Z}\}$构成$V_0$的 Riesz 基可知，$\{\varphi(x-k), k\in\mathbf{Z}\}$构成$V_0$的规范正交基。

推论　由$\{\varphi(x-k), k\in\mathbf{Z}\}$构成$V_0$的规范正交基进一步可证，$\{\varphi_{j,k}(x)=2^{j/2}\varphi(2^jx-k), k\in\mathbf{Z}\}$构成$V_j$的规范正交基。

【例 2.1】　$V_j=\left\{f(x)\,|\,f(x)=C_i,\ x\in\left[\dfrac{i}{2^j},\dfrac{i+1}{2^j}\right)\right\}$，$j\in\mathbf{Z}$构成$L^2(\mathbf{R})$的一个 MRA，

其中规范正交的尺度函数为

$$\varphi(x)=\begin{cases}1, & x\in[0,1)\\0, & x\notin[0,1)\end{cases}$$

3. 多分辨逼近

有了 V_j 的规范正交基，就可以方便地表示 $L^2(\mathbf{R})$中任意函数在 V_j 中的最佳逼近元，即正交投影。

定义 2.2 多分辨逼近。

正交投影算子 $P_j: L^2(\mathbf{R})\to V_j$ 定义为

$$P_jf(x)=\sum_{k\in\mathbf{Z}}c_{j,k}\varphi_{j,k}(x)$$

其中 $c_{j,k}=\langle f(x),\varphi_{j,k}(x)\rangle=\int f(x)2^{j/2}\overline{\varphi(2^jx-k)}\mathrm{d}x$ 称为 $f(x)$ 在 2^j 分辨率下的尺度系数，$P_if(x)$ 称为 $f(x)$ 在 2^j 分辨率下的连续逼近。

2.2 双尺度方程和低通传递函数

由 MRA 的定义知，$\varphi(x)\in V_0\subset V_1=\operatorname{span}\{\varphi_{1,k}(x)=\sqrt{2}\varphi(2x-k)\}_{k\in\mathbf{Z}}$，因此有

$$\varphi(x)=\sqrt{2}\sum_{k\in\mathbf{Z}}h_k\varphi(2x-k)\tag{2.1}$$

其中：

$$h_k=\langle\varphi(x),\varphi_{1,k}(x)\rangle=\sqrt{2}\int\varphi(x)\overline{\varphi(2x-k)}\mathrm{d}x\tag{2.2}$$

式(2.1)建立了 $j=0$ 尺度下的尺度函数 $\varphi(x)$ 与 $j=1$ 尺度下的尺度函数 $\{\varphi_{1,k}(x)=\sqrt{2}\varphi(2x-k)\}_{k\in\mathbf{Z}}$之间的联系，称为尺度函数的双尺度方程，可推广为 $\varphi_{j,k}(x)=\sum_l h_{l-2k}\varphi_{j+1,l}(x)$。

对式(2.1)两边做傅里叶变换，得

$$\hat{\varphi}(\xi)=m_\varphi\left(\frac{\xi}{2}\right)\hat{\varphi}\left(\frac{\xi}{2}\right)\tag{2.3}$$

称为尺度函数 $\varphi(x)$的双尺度方程的频域形式，其中

$$m_\varphi(\xi)=\frac{1}{\sqrt{2}}\sum_k h_k\mathrm{e}^{-\mathrm{i}k\xi}\tag{2.4}$$

$\{h_k\}$称为尺度滤波器的冲激响应，$m_\varphi(\xi)$称为低通传递函数(尺度滤波器)。

【例 2.2】 例 2.1 中的尺度函数满足双尺度方程 $\varphi(x)=\varphi(2x)+\varphi(2x-1)$，其中尺度滤波器的冲激响应为 $h_0=\frac{1}{\sqrt{2}}$，$h_1=\frac{1}{\sqrt{2}}$，$h_k=0$，$k\neq0, 1$，低通传递函数为 $m_\varphi(\xi)=\frac{1+\mathrm{e}^{-\mathrm{i}\xi}}{2}$。

低通传递函数 $m_\varphi(\xi)$具有如下重要性质：

定理 2.2 设 $\varphi(x)$是规范正交的尺度函数，则

(1) $|m_\varphi(\xi)|^2+|m_\varphi(\xi+\pi)|^2=1$。

(2) 若 $\varphi\in L^1$，则 $\hat{\varphi}(\xi)$连续；若又有 $\hat{\varphi}(0)\neq0$，则 $m_\varphi(0)=1$。

证明　(1) $\varphi(x)\in L^2(\mathbf{R})$是规范正交尺度函数，由引理 2.2，有

$$\sum_m |\hat{\varphi}(\xi+2m\pi)|^2=\frac{1}{2\pi}$$

上式对 2ξ 显然也成立，即有

$$\begin{aligned}\frac{1}{2\pi}&=\sum_{m\in\mathbf{Z}}|\hat{\varphi}(2\xi+2m\pi)|^2=\sum_{m\in\mathbf{Z}}|\hat{\varphi}(2(\xi+m\pi))|^2\\&=\sum_{m\in\mathbf{Z}}|m_\varphi(\xi+\pi m)\hat{\varphi}(\xi+\pi m)|^2\\&=\sum_{k\in\mathbf{Z}}|m_\varphi(\xi+2k\pi)|^2|\hat{\varphi}(\xi+2k\pi)|^2\\&\quad+\sum_{k\in z}|m_\varphi(\xi+\pi+2k\pi)|^2|\hat{\varphi}(\xi+\pi+2k\pi)|^2\text{（将 }m\text{ 分成奇数和偶数两组）}\\&=|m_\varphi(\xi)|^2\sum_{k\in\mathbf{Z}}|\hat{\varphi}(\xi+2k\pi)|^2\\&\quad+|m_\varphi(\xi+\pi)|^2\sum_{k\in\mathbf{Z}}|\hat{\varphi}(\xi+\pi+2k\pi)|^2\text{（利用了 }m_\varphi\text{ 的 }2\pi\text{ 周期性）}\\&=\frac{1}{2\pi}[|m_\varphi(\xi)|^2+|m_\varphi(\xi+\pi)|^2]\end{aligned}$$

故有

$$|m_\varphi(\xi)|^2+|m_\varphi(\xi+\pi)|^2=1$$

也称为尺度滤波器的规范正交性。

(2) 由于 $\varphi\in L^2$，又有 $\varphi\in L^1$，由傅里叶变换的性质知 $\hat{\varphi}(\xi)$连续。

$$\hat{\varphi}(2\xi)=m_\varphi(\xi)\hat{\varphi}(\xi)$$

又 $\hat{\varphi}(0)\neq 0$，故 $m_\varphi(0)=1$。

2.3　$L^2(\mathbf{R})$的正交分解

由多分辨分析的定义知，$V_j\subset V_{j+1}$，$j\in\mathbf{Z}$，定义小波子空间 W_j 为 V_j 在 V_{j+1}中的正交补空间，即 W_j 满足 $W_j\perp V_j$，$W_j\oplus V_j=V_{j+1}$。

定理 2.3　V_j 在 V_{j+1}中的正交补空间 W_j 满足如下性质：

(1) 正交性：$W_j\perp W_{j+1}$，$\forall j\in\mathbf{Z}$，并且构成 $L^2(\mathbf{R})$的正交分解，即 $\bigoplus_{j=-\infty}^{+\infty}W_j=L^2(\mathbf{R})$，$\bigoplus_{l=-\infty}^{j-1}W_l=V_j$。

(2) 与 V_j 类似的伸缩性质：$f(x)\in W_j$，则 $f(2x)\in W_{j+1}$。

(3) 与 V_j 类似的平移性质：$f(x)\in W_j$，则 $f(x-k/2^j)\in W_j$。

证明　性质(1)显然成立，这里仅给出(2)和(3)当 $j=0$ 时的证明。

对性质(2)，设 $f(x)\in W_0$，则 $f(x)\in V_1$，因此 $f(2x)\in V_2$，要证 $f(2x)\in W_1$，只要证 $f(2x)\perp V_1$ 即可。易证 $\forall\, 2^{1/2}\varphi(2x-k)\in V_1$，有

$$\langle f(2x),\,2^{1/2}\varphi(2x-k)\rangle=\int f(2x)2^{1/2}\,\overline{\varphi(2x-k)}\,\mathrm{d}x=\frac{\sqrt{2}}{2}\int f(x)\,\overline{\varphi(x-k)}\,\mathrm{d}x=0$$

对性质(3)，设 $f(x)\in W_0$，则 $f(x)\in V_1$，$f(x-k)\in V_1$，要证 $f(x-k)\in W_0$，只要证 $f(x-k)\perp V_0$ 即可。易证 $\forall\,\varphi(x-l)\in V_0$，有

$$\begin{aligned}\langle f(x-k),\ \varphi(x-l)\rangle &= \int f(x-k)\,\overline{\varphi(x-l)}\,\mathrm{d}x \\ &= \int f(x)\,\overline{\varphi(x-(l-k))}\,\mathrm{d}x \\ &= 0\end{aligned}$$

上述讨论表明，由多分辨分析可以得到 $L^2(\mathbf{R})$的塔式分解，如图 2.1 所示。

$$\begin{array}{l} L^2(\mathbf{R})\to\cdots\to V_j\to V_{j-1}\to\cdots\to V_1\to V_0\to V_{-1}\to\cdots\to V_{j_1}\to\cdots \\ \qquad\qquad\searrow\oplus\qquad\qquad\quad\searrow\oplus\searrow\oplus\searrow\oplus\qquad\quad\searrow\oplus\searrow \\ \qquad\qquad\ W_{j-1}\qquad\qquad\quad W_1\quad W_0\quad W_{-1}\qquad\quad W_{j_1} \end{array}$$

图 2.1 尺度子空间和小波子空间示意图

2.4 规范正交小波函数 $\psi(x)$的构造

我们希望找到 $\psi(x)\in W_0$，使得$\{\psi(x-k),\ k\in\mathbf{Z}\}$构成 W_0 的规范正交基，这样由定理 2.3 就可以得到需要的小波基。上述目标可以分解为下面三个子问题：

(1) $\psi(x)\in W_0$；

(2) $\{\psi(x-k),\ k\in\mathbf{Z}\}$是一组规范正交系；

(3) $\{\psi(x-k),\ k\in\mathbf{Z}\}$构成 W_0 的规范正交基。

为构造满足上述条件的 $\psi(x)$，典型的做法是将 $\psi(x)$的条件转移到高通传递函数(小波滤波器)上，通过构造满足相应条件的小波滤波器来构造小波函数。

1. 将这三个子问题化为对高通传递函数 $m_\psi(\xi)$的要求

1) $\psi(x)\in W_0$

由 W_0 的定义知，$\psi(x)\in W_0$ 等价于 $\psi(x)\in V_1$，且 $\psi(x)\perp V_0$。

(1) $\psi(x)\in V_1=\mathrm{span}\,\{\sqrt{2}\,\varphi(2x-k)\}_{k\in\mathbf{Z}}$，所以在空域上有

$$\psi(x)=\sqrt{2}\sum_k g_k\varphi(2x-k) \tag{2.5}$$

其中：

$$g_k=\langle\psi(x),\ \sqrt{2}\,\varphi(2x-k)\rangle=\sqrt{2}\int\psi(x)\,\overline{\varphi(2x-k)}\,\mathrm{d}x \tag{2.6}$$

式(2.5)称为小波函数的双尺度方程，式(2.6)中的 g_k 称为小波滤波器的冲激响应。式(2.5)两边同时做傅里叶变换得

$$\hat{\psi}(\xi)=m_\psi\left(\frac{\xi}{2}\right)\hat{\varphi}\left(\frac{\xi}{2}\right) \tag{2.7}$$

$$m_\psi(\xi)=\frac{1}{\sqrt{2}}\sum_k g_k\mathrm{e}^{-\mathrm{i}k\xi} \tag{2.8}$$

所以 $\psi(x)\in V_1$在频域上表示为 $\hat{\psi}(\xi)=m_\psi\left(\frac{\xi}{2}\right)\hat{\varphi}\left(\frac{\xi}{2}\right)$，其中 $m_\psi(\xi)$称为高通传递函数(小波滤波器)，是一个 2π 周期函数。

(2) $\psi(x)\perp V_0$，所以在空域上 $\forall f(x)\in V_0$，有

$$0=\langle f(x),\ \psi(x)\rangle \tag{2.9}$$

由于$\langle f(x),\ \psi(x)\rangle=\langle \hat{f}(\xi),\ \hat{\psi}(\xi)\rangle$，因此式(2.9)在频域中表现为$0=\langle \hat{f}(\xi),\ \hat{\psi}(\xi)\rangle$。

又 $f(x)\in V_0=\mathrm{span}\{\varphi(x-k),\ k\in\mathbf{Z}\}$，故

$$f(x)=\sum_k \alpha_k\varphi(x-k) \tag{2.10}$$

其中，$\alpha_k=\langle f(x),\ \varphi(x-k)\rangle=\int f(x)\overline{\varphi(x-k)}\mathrm{d}x$，在频域中有

$$\hat{f}(\xi)=\alpha(\xi)\hat{\varphi}(\xi) \tag{2.11}$$

其中，$\alpha(\xi)=\sum_k \alpha_k \mathrm{e}^{-\mathrm{i}k\xi}$，是一个 2π 周期函数。将式(2.3)、式(2.7)和式(2.11)代入$0=\langle \hat{f}(\xi),\ \hat{\psi}(\xi)\rangle$，有

$$\begin{aligned}
0&=\langle \alpha(\xi)m_\varphi\left(\frac{\xi}{2}\right)\hat{\varphi}\left(\frac{\xi}{2}\right),\ m_\psi\left(\frac{\xi}{2}\right)\hat{\varphi}\left(\frac{\xi}{2}\right)\rangle\\
&=\int_{\mathbf{R}}\alpha(\xi)m_\varphi\left(\frac{\xi}{2}\right)\overline{m_\psi\left(\frac{\xi}{2}\right)}\left|\hat{\varphi}\left(\frac{\xi}{2}\right)\right|^2\mathrm{d}\xi\\
&=\int_{\mathbf{R}}\alpha(2\xi)m_\varphi(\xi)\overline{m_\psi(\xi)}\ |\hat{\varphi}(\xi)|^2\mathrm{d}\xi\\
&=\sum_{k\in\mathbf{Z}}\int_{2k\pi}^{2\pi(k+1)}\alpha(2\xi)m_\varphi(\xi)\overline{m_\psi(\xi)}\ |\hat{\varphi}(\xi)|^2\mathrm{d}\xi\\
&=\sum_k\int_0^{2\pi}\alpha(2\eta)m_\varphi(\eta)\overline{m_\psi(\eta)}\ |\hat{\varphi}(\eta+2k\pi)|^2\mathrm{d}\eta\quad(\text{令 }\eta=\xi-2k\pi)\\
&=\int_0^{2\pi}\alpha(2\eta)m_\varphi(\eta)\overline{m_\psi(\eta)}\sum_k|\hat{\varphi}(\eta+2k\pi)|^2\mathrm{d}\eta\\
&=\frac{1}{2\pi}\int_0^{2\pi}\alpha(2\eta)m_\varphi(\eta)\overline{m_\psi(\eta)}\mathrm{d}\eta\quad(\text{利用了 }\alpha(\xi)\text{、}m_\varphi(\xi)\text{、}m_\psi(\xi)\text{的 }2\pi\text{ 周期性})
\end{aligned}$$

从而

$$0=\int_0^{2\pi}\alpha(2\eta)m_\varphi(\eta)\overline{m_\psi(\eta)}\mathrm{d}\eta=\int_0^{\pi}\alpha(2\eta)m_\varphi(\eta)\overline{m_\psi(\eta)}\mathrm{d}\eta+\int_\pi^{2\pi}\alpha(2\eta)m_\varphi(\eta)\overline{m_\psi(\eta)}\mathrm{d}\eta$$

在第一项中令 $\eta=\xi$，第二项中令 $\eta=\xi+\pi$，得

$$\begin{aligned}
0&=\int_0^{\pi}\alpha(2\xi)m_\varphi(\xi)\overline{m_\psi(\xi)}\mathrm{d}\xi+\int_0^{\pi}\alpha(2\xi)m_\varphi(\xi+\pi)\overline{m_\psi(\xi+\pi)}\mathrm{d}\xi\\
&=\int_0^{\pi}\alpha(2\xi)[m_\varphi(\xi)\overline{m_\psi(\xi)}+m_\varphi(\xi+\pi)\overline{m_\psi(\xi+\pi)}]\mathrm{d}\xi
\end{aligned}$$

对任意 2π 周期函数 $\alpha(\xi)$成立，所以

$$m_\varphi(\xi)\overline{m_\psi(\xi)}+m_\varphi(\xi+\pi)\overline{m_\psi(\xi+\pi)}=0,\quad\forall\xi \tag{2.12}$$

综上，$\psi(x)\in W_0$的充要条件是存在一个 2π 周期的高通传递函数 $m_\psi(\xi)$，满足 $\hat{\psi}(\xi)=m_\psi\left(\frac{\xi}{2}\right)\hat{\varphi}\left(\frac{\xi}{2}\right)$，且

$$m_\varphi(\xi)\overline{m_\psi(\xi)}+m_\varphi(\xi+\pi)\overline{m_\psi(\xi+\pi)}=0,\quad\forall\xi$$

2) $\{\psi(x-k),\ k\in\mathbf{Z}\}$是一组规范正交系

由引理 2.2 知，$\{\psi(x-k),\ k\in\mathbf{Z}\}$是一组规范正交系等价于下面等式对任意 ξ 成立：

$$\sum_{m\in\mathbf{Z}} |\hat{\psi}(\xi+2m\pi)|^2 = \frac{1}{2\pi} \tag{2.13}$$

类似于定理 2.2(1)的证明，式(2.13)等价于要求高通传递函数满足：

$$|m_\psi(\xi)|^2 + |m_\psi(\xi+\pi)|^2 = 1 \tag{2.14}$$

3) $\{\psi(x-k),\ k\in\mathbf{Z}\}$构成 W_0 的规范正交基

为使 $\{\psi(x-k),\ k\in\mathbf{Z}\}$构成 W_0 的规范正交基，只需要 W_0 中任何函数 $f(x)$都可用 $\{\psi(x-k)\}_{k\in\mathbf{Z}}$线性表示，这等价于存在$\{\beta_k\}\in l^2$，使得

$$f(x) = \sum_k \beta_k \psi(x-k)$$

在频域中表现为

$$\hat{f}(\xi) = \left(\sum_k \beta_k \mathrm{e}^{-\mathrm{i}k\xi}\right)\hat{\psi}(\xi) = \beta(\xi)\hat{\psi}(\xi)$$

其中，$\beta(\xi) = \sum_k \beta_k \mathrm{e}^{-\mathrm{i}k\xi}$ 是一个 2π 周期函数。也就是说，W_0 中任何函数 $f(x)$ 都可用 $\{\psi(x-k)\}_{k\in\mathbf{Z}}$ 线性表示等价于存在一个 2π 周期函数 $\beta(\xi)$，使得

$$\hat{f}(\xi) = \beta(\xi)\hat{\psi}(\xi) \tag{2.15}$$

定理 2.4 设高通传递函数满足式(2.7)、式(2.12)和式(2.14)，则式(2.15)成立。

证明 首先，$\forall f(x)\in W_0$，类似于对 $\psi(x)\in W_0$ 的讨论，有

$$\hat{f}(\xi) = \gamma\left(\frac{\xi}{2}\right)\hat{\varphi}\left(\frac{\xi}{2}\right) \tag{2.16}$$

$\gamma(\xi)$是一个 2π 周期函数，且

$$m_\varphi(\xi)\overline{\gamma(\xi)} + m_\varphi(\xi+\pi)\overline{\gamma(\xi+\pi)} = 0, \quad \forall \xi$$

这表明两个二维复向量$(m_\varphi(\xi),\ m_\varphi(\xi+\pi))$与$(\gamma(\xi),\ \gamma(\xi+\pi))$互相正交，又由式(2.12)知，两个二维复向量$(m_\varphi(\xi),\ m_\varphi(\xi+\pi))$与$(m_\psi(\xi),\ m_\psi(\xi+\pi))$也互相正交，因此$(\gamma(\xi),\ \gamma(\xi+\pi))$与$(m_\psi(\xi),\ m_\psi(\xi+\pi))$互相平行，从而两个向量至多相差一个标量因子，即

$$(\gamma(\xi),\ \gamma(\xi+\pi)) = \sigma(\xi)(m_\psi(\xi),\ m_\psi(\xi+\pi))$$

显然，对应分量分别相等，即

$$\gamma(\xi) = \sigma(\xi)m_\psi(\xi) \tag{2.17}$$

$$\gamma(\xi+\pi) = \sigma(\xi)m_\psi(\xi+\pi) \tag{2.18}$$

式(2.17)对 $\xi+\pi$ 也成立，即

$$\gamma(\xi+\pi) = \sigma(\xi+\pi)m_\psi(\xi+\pi) \tag{2.19}$$

比较式(2.18)和式(2.19)知，必有 $\sigma(\xi)=\sigma(\xi+\pi)$，这表明 $\sigma(\xi)$是以 π 为周期的函数。

将式(2.17)代入式(2.16)，有

$$\hat{f}(\xi) = \sigma\left(\frac{\xi}{2}\right)m_\psi\left(\frac{\xi}{2}\right)\hat{\varphi}\left(\frac{\xi}{2}\right) = \sigma\left(\frac{\xi}{2}\right)\hat{\psi}\left(\frac{\xi}{2}\right)$$

令 $\beta(\xi)=\sigma\left(\frac{\xi}{2}\right)$，则 $\beta(\xi)$是一个 2π 周期函数，且有 $\hat{f}(\xi)=\beta(\xi)\hat{\psi}(\xi)$，即式(2.15)成立。

2. 求解满足条件的高通传递函数 $m_\psi(\xi)$

下面的问题是如何求解式(2.7)、式(2.12)和式(2.14)，进而求出 $\hat{\psi}(\xi)$。

将式(2.12)和式(2.14)结合起来，有

$$\begin{bmatrix} \overline{m_\varphi(\xi)} & \overline{m_\varphi(\xi+\pi)} \\ \overline{m_\psi(\xi)} & \overline{m_\psi(\xi+\pi)} \end{bmatrix} \begin{bmatrix} m_\varphi(\xi) & m_\psi(\xi) \\ m_\varphi(\xi+\pi) & m_\psi(\xi+\pi) \end{bmatrix} = \begin{pmatrix} 1 & 0 \\ 0 & 1 \end{pmatrix} = \boldsymbol{I}$$

令 $\boldsymbol{M}(\xi)=\begin{bmatrix} m_\varphi(\xi) & m_\psi(\xi) \\ m_\varphi(\xi+\pi) & m_\psi(\xi+\pi) \end{bmatrix}$，则上式可简化为

$$\boldsymbol{M}^*(\xi)\boldsymbol{M}(\xi)=\boldsymbol{I}$$

即 $\boldsymbol{M}(\xi)$是一个酉阵，其中 $*$ 表示共轭转置。所以高通传递函数构造的过程实际上是酉阵扩充的过程。

由式(2.12)知，两个二维复向量$(m_\varphi(\xi),\ m_\varphi(\xi+\pi))$与$(m_\psi(\xi),\ m_\psi(\xi+\pi))$互相正交，又显然$(m_\varphi(\xi),\ m_\varphi(\xi+\pi))$与$(\overline{m_\varphi(\xi+\pi)},\ -\overline{m_\varphi(\xi)})$正交，因此$(m_\psi(\xi),\ m_\psi(\xi+\pi))$与$(\overline{m_\varphi(\xi+\pi)},\ -\overline{m_\varphi(\xi)})$平行。类似于定理 2.4 的证明，有

$$m_\psi(\xi)=\tau(\xi)\,\overline{m_\varphi(\xi+\pi)} \tag{2.20}$$

且

$$\tau(\xi+\pi)=-\tau(\xi) \tag{2.21}$$

满足式(2.21)的 $\tau(\xi)$可以表示为

$$\tau(\xi)=e^{i\xi}\upsilon(\xi)$$

其中，$\upsilon(\xi)$以 π 为周期，故

$$m_\psi(\xi)=e^{i\xi}\upsilon(\xi)\,\overline{m_\varphi(\xi+\pi)} \tag{2.22}$$

将式(2.22)代入式(2.14)，有

$$|\upsilon(\xi)|^2=1$$

满足$|\upsilon(\xi)|^2=1$且以 π 为周期的函数有无穷多，最简单形式的解为

$$\upsilon(\xi)=\pm e^{i2k\xi},\quad k\in\mathbf{Z}$$

代入式(2.22)，得高通传递函数有下列形式：

$$m_\psi(\xi)=\pm e^{i\xi}e^{i2k\xi}\,\overline{m_\varphi(\xi+\pi)} \tag{2.23}$$

3. 求解小波函数 $\psi(x)$

将式(2.23)中高通传递函数(小波滤波器)的解析表达式代入式(2.7)即可得到

$$\hat{\psi}(\xi)=\pm e^{i\xi/2}e^{ik\xi}\,\overline{m_\varphi\left(\frac{\xi}{2}+\pi\right)}\hat{\varphi}\left(\frac{\xi}{2}\right) \tag{2.24}$$

下面给出两个特例：

(1) 令 $k=0$，符号取“+”：

$$m_\psi(\xi)=e^{i\xi}\,\overline{m_\varphi(\xi+\pi)}$$

$$g_k=(-1)^{k+1}\,\bar{h}_{-k-1}$$

$$\hat{\psi}(\xi)=e^{i\xi/2}\,\overline{m_\varphi\left(\frac{\xi}{2}+\pi\right)}\hat{\varphi}\left(\frac{\xi}{2}\right)$$

$$\psi(x)=\sum_n(-1)^n\sqrt{2}h_n\varphi(2x+n+1)$$

(2) 令 $k=-1$，符号取“−”：

$$m_\psi(\xi)=-e^{-i\xi}\,\overline{m_\varphi(\xi+\pi)}$$

$$g_k=(-1)^k\,\bar{h}_{1-k}$$

$$\hat{\psi}(\xi) = -\mathrm{e}^{-\mathrm{i}\xi/2}\overline{m_{\varphi}\left(\frac{\xi}{2}+\pi\right)}\hat{\varphi}\left(\frac{\xi}{2}\right)$$

$$\psi(x) = \sum_{n}(-1)^{n-1}\sqrt{2}\,\bar{h}_n\varphi(2x+n-1)$$

上述推导总结为下面的定理 2.5。

定理 2.5 已知多分辨分析($\{V_j\}_{j\in\mathbf{Z}}$, $\varphi(x)$)，其中 $\varphi(x)$是规范正交的尺度函数，则由上述酉阵扩充可构造规范正交小波 $\psi(x)$。

【例 2.3】 Haar 小波。

在例 2.1 给出的多分辨分析中，规范正交的尺度函数 $\varphi(x)=\begin{cases}1, & x\in[0, 1)\\ 0, & x\notin[0, 1)\end{cases}$，尺度滤波器的冲激响应为 $h_0=\frac{1}{\sqrt{2}}$，$h_1=\frac{1}{\sqrt{2}}$，$h_k=0$，$k\neq 0$，1，若取 $g_0=\frac{1}{\sqrt{2}}$，$g_1=-\frac{1}{\sqrt{2}}$，则对应的规范正交小波为 $\psi(x)=\varphi(2x)-\varphi(2x-1)$，称为 Haar 小波。

4. 小波子空间正交投影

构造出了规范正交小波 $\psi(x)$，就可以通过伸缩平移得到每个子空间 W_j 的规范正交基 $\{2^{j/2}\psi(2^jx-k), k\in\mathbf{Z}\}$，从而进一步可定义 $L^2(\mathbf{R})$到 W_j 的正交投影算子：

$$Q_j: L^2(\mathbf{R}) \to W_j, \quad \forall f(x)\in L^2(\mathbf{R})$$

$$Q_jf(x) = \sum_{k\in\mathbf{Z}}\langle f(x), \psi_{j,k}(x)\rangle\psi_{j,k}(x) = \sum_{k\in\mathbf{Z}}d_{j,k}\psi_{j,k}(x)$$

$$d_{j,k} = \langle f(x), \psi_{j,k}(x)\rangle = \int f(x)2^{j/2}\psi(2^jx-k)\mathrm{d}x$$

由于 $Q_jf\in W_j$，$P_if\in V_j$，而 $W_j\oplus V_j=V_{j+1}$，因此

$$Q_jf \oplus P_if = P_{j+1}f$$

或

$$P_{j+1}f - P_if = Q_jf$$

其中，P_jf 是 f 在 2^j 尺度下的逼近；$Q_jf=P_{j+1}f-P_jf$ 是 f 在相邻两个尺度 2^j 和 2^{j+1}下的逼近之间的误差，称为 f 在 2^j 尺度下的连续细节，而其系数序列$\{d_{j,k}, k\in\mathbf{Z}\}$称为离散细节。

2.5 多分辨分析和小波的关系

一方面，由多分辨分析出发一定可以构造小波，称为对应于多分辨分析的小波，因此，多分辨分析一定对应小波；另一方面，小波不一定对应多分辨分析，也就是说，并非所有小波都可以由多分辨分析构造，已经证明存在一些小波不与任何多分辨分析对应。

小波对应多分辨分析的充分和必要条件分别见定理 2.6 和定理 2.7。

定理 2.6 设 $\eta>1$，若 $\psi(x)$满足：

$$\int |\psi(x)|^2(1+|x|)^{\eta}\mathrm{d}x < \infty \tag{2.25}$$

$$\int |\hat{\psi}(\xi)|^2(1+|\xi|)^{\eta}\mathrm{d}\xi < \infty \tag{2.26}$$

$\psi(x)$在时域和频域都具有一定衰减性，称为“好”的小波，则 $\psi(x)$对应一个多分辨分析。

定理 2.7(G. Gripenberg) 小波 ψ 对应多分辨分析的充要条件是

$$\sum_{p=1}^{\infty}\sum_{k\in\mathbf{Z}}\mid\hat{\psi}(2^{p}(\xi+2k\pi))\mid^{2}>0 \tag{2.27}$$

图 2.2 给出了全体小波、对应多分辨分析的小波与“好”的小波三者之间的关系。

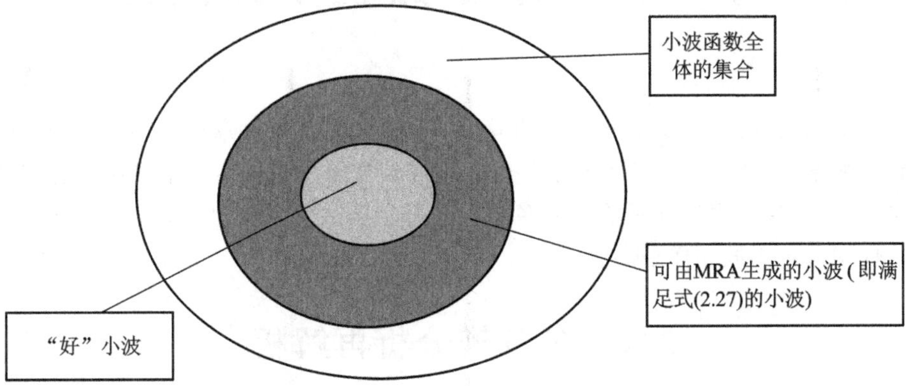

图 2.2　全体小波、对应多分辨分析的小波与“好”的小波三者之间的关系

第3章 由尺度函数到多分辨分析

从第 2 章我们看到，已知多分辨分析就可以构造出小波，本章讨论多分辨分析的构造问题。本章内容安排为：3.1 节从多分辨分析的两个要素及其关系入手探讨构造多分辨分析的思路；3.2 节讨论由尺度函数构造多分辨分析的条件和可行性；3.3 节给出两个著名的例子，即 Meyer 小波和样条小波。

3.1 多分辨分析再解析

多分辨分析包含两个要素：尺度子空间$\{V_j\}_{j\in\mathbf{Z}}$和尺度函数 $g(x)$。为了使讨论更具一般性，这里 $g(x)$是 Riesz 尺度函数。其中：

(1) $\{V_j\}_{j\in\mathbf{Z}}$满足：

(a1) 单调性：$V_j\subset V_{j+1}$，$j\in\mathbf{Z}$。

(a2) 逼近性：$\overline{\bigcup_{j\in\mathbf{Z}} V_j}=L^2(\mathbf{R})$。

(a3) $\bigcap_{j\in\mathbf{Z}} V_j=\{0\}$。

(a4) 伸缩相关性：$f(x)\in V_j\Leftrightarrow f(2x)\in V_{j+1}$。

(a5) 平移不变性：$f(x)\in V_j\Leftrightarrow f\left(x-\frac{k}{2^j}\right)\in V_j$，$\forall k\in\mathbf{Z}$。

(2) $g(x)\in L^2(\mathbf{R})$满足：

(b1) $\{g(x-k)\}_{k\in\mathbf{Z}}$是 $L^2(\mathbf{R})$中的一组 Riesz 系。

(b2) $g(x)$满足下面的双尺度方程：

$$g(x)=\sqrt{2}\sum_k \alpha_k g(2x-k)$$

(3) $\{V_j\}_{j\in\mathbf{Z}}$与 $g(x)$的关系：

(ab) $V_j=\mathrm{span}\{2^{j/2}g(2^jx-k),\ k\in\mathbf{Z}\}$，即$\{g_{j,k}(x)=2^{j/2}g(2^jx-k),\ k\in\mathbf{Z}\}$构成 V_j 的 Riesz 基。

由此可见，构造多分辨分析有两种方法：一种方法是先构造满足(a1)～(a5)的一组子空间列$\{V_j\}_{j\in\mathbf{Z}}$，然后找一个尺度函数 $g(x)$满足(b1)、(b2)和(ab)，但这种方法一般是困难的；另一种方法是先找一个函数 $g(x)$满足(b1)、(b2)，由(ab)来定义 V_j，然后检验 V_j 是否满足(a1)～(a5)。实际上，若有函数 $g(x)$满足(b1)、(b2)，V_j 由(ab)定义，则$\{V_j\}_{j\in\mathbf{Z}}$与 $g(x)$“几乎”构成一个多分辨分析，唯一遗憾的是(a2)不能保证；但幸运的是，加上条件(b3)(3.2 节将给出该条件)，则$\{V_j\}_{j\in\mathbf{Z}}$与 $g(x)$确实构成一个多分辨分析。这种方法比较容易，是目前常用的方法。

多分辨分析、尺度函数以及小波的关系总结为图 3.1。

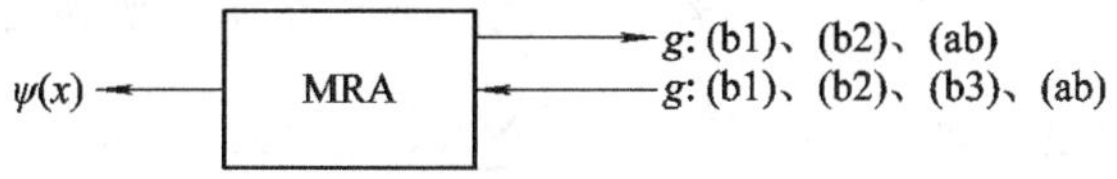

图 3.1　多分辨分析、尺度函数以及小波之间的关系图

3.2　由尺度函数构造多分辨分析

设函数 $g(x)$满足(b1)、(b2)，V_j 由(ab)来定义，验证 V_j 是否满足(a1)～(a5)。

1. (a1)、(a4)、(a5)的证明

(1) (a1)单调性的证明。

仅检验 $V_0 \subset V_1$，其他 $V_j \subset V_{j+1}$类似。

要验证 $V_0 \subset V_1$，只需证明 $\forall f(x) \in V_0$，也有 $f(x) \in V_1$ 即可。因为$\{g(x-k)\}_{k\in \mathbf{Z}}$构成 V_0 的 Riesz 基，从而 $\forall f(x) \in V_0$，有 $f(x) = \sum\limits_k f_k g(x-k)$，又 $g(x)$满足(b2)，所以

$$f(x) = \sqrt{2} \sum_k f_k \sum_l \alpha_l g(2x - 2k - l)$$

再由假设$\{\sqrt{2}\, g(2x-k),\ k \in \mathbf{Z}\}$构成 V_1 的 Riesz 基，因此 $f(x) \in V_1$。

(2) (a4)伸缩相关性的证明。

$$\forall f(x) \in V_j,\ f(x) = 2^{\frac{j}{2}} \sum_k f_k g(2^j x - k)$$

因此

$$f(2x) = 2^{\frac{j+1}{2}} \sum_l \frac{f_l}{\sqrt{2}} g(2^{j+1} x - l)$$

故 $f(2x) \in V_{j+1}$。

(3) (a5)平移不变性的证明。

仅在 V_0 中证明，其他空间类似可证。

$\forall f(x) \in V_0$，有 $f(x) = \sum\limits_l f_l g(x-l)$，故

$$f(x-k) = \sum_l f_l g(x-k-l)$$

所以

$$f(x-k) \in V_0, \quad \forall k \in \mathbf{Z}$$

2. (a3)的证明

引理 3.1　设$\{x_n\}_{n\in \mathbf{Z}}$是可分 Hilbert 空间 H 中的 Riesz 基，则有以下结论：

(1) 存在$\{x_n\}$的对偶基$\{x_n^*\}_{n\in \mathbf{Z}} \subset H$，也是 Riesz 基，且$\langle x_n^*, x_m \rangle = \delta_{mn}$，称为双正交性。

(2) 存在正常数 $c_1 \leqslant c_2$，使得$\forall x \in H$，有

$$c_1 \| x \|^2 \leqslant \sum_{n\in \mathbf{Z}} |\langle x, x_n \rangle|^2 \leqslant c_2 \| x \|^2$$

若$\{x_n\}$是 Riesz 基，对偶基为$\{x_n^*\}_{n\in \mathbf{Z}}$，则满足双正交性$\langle x_m^*, x_n \rangle = \delta_{mn}$，并且 $\forall x \in H$，

$x = \sum_n \langle x, x_n^* \rangle x_n = \sum_n \langle x, x_n \rangle x_n^*$。若 $\{x_n\}$ 是规范正交基，则满足 $\langle x_m, x_n \rangle = \delta_{mn}$，即 $\{x_n\}$ 的对偶基就是它自己，且 $\forall x \in H$，$x = \sum_n \langle x, x_n \rangle x_n$，$\| x \|^2 = \sum_{n\in \mathbf{Z}} |\langle x, x_n \rangle|^2$。

利用引理 3.1，我们可以得到定理 3.1，从而保证(a3)成立。

定理 3.1 设 $g(x) \in L^2(\mathbf{R})$ 满足(b1)、(b2)，V_j 由(ab)定义，P_j 是 $L^2(\mathbf{R})$ 到 V_j 的正交投影算子，则 $\forall f(x) \in L^2(\mathbf{R})$，$\lim_{j\to-\infty} P_j f(x) = 0$，即 $\bigcap_{j\in\mathbf{Z}} V_j = \{0\}$。

证明 首先注意到 $\bigcap_{j\in\mathbf{Z}} V_j = \{0\}$ 等价于 $\lim_{j\to-\infty} P_j f = 0$，$\forall f \in L^2(\mathbf{R})$。仅需证明对紧支函数 $f(x) \in L^2(\mathbf{R})$，有 $\lim_{j\to-\infty} P_j f(x) = 0$，然后由紧支函数在 $L^2(\mathbf{R})$ 中稠密将结论推广到其他函数。

设 $\mathrm{supp} f = [-r, r]$，$r > 0$ 是有限数。由于 $\{g_{j,k}(x) = 2^{j/2} g(2^j x - k)\}_{k\in\mathbf{Z}}$ 构成 V_j 的 Riesz 基，因此由引理 3.1，有

$$
\begin{aligned}
\| P_j f \|^2 &\leqslant C \sum_{k\in\mathbf{Z}} |\langle P_j f, g_{j,k} \rangle|^2 = C \sum_{k\in\mathbf{Z}} |\langle f, g_{j,k} \rangle|^2 \\
&= C \sum_{k\in\mathbf{Z}} \left| \int_{-r}^{r} f(s) g_{j,k}(s) \mathrm{d}s \right|^2 \\
&\leqslant C \sum_{k\in\mathbf{Z}} \int_{-r}^{r} |f(s)|^2 \mathrm{d}s \int_{-r}^{r} |g_{j,k}(s)|^2 \mathrm{d}s \\
&= C \int_{-r}^{r} |f(s)|^2 \mathrm{d}s \sum_{k\in\mathbf{Z}} \int_{-r}^{r} |g_{j,k}(s)|^2 \mathrm{d}s \\
&= C \int_{-\infty}^{\infty} |f(s)|^2 \mathrm{d}s \sum_{k\in\mathbf{Z}} \int_{-r}^{r} 2^j |g(2^j s - k)|^2 \mathrm{d}s \\
&\overset{u = 2^j s - k}{=\!=\!=} C \| f \|^2 \sum_{k\in\mathbf{Z}} \int_{-r2^j - k}^{r2^j - k} |g(u)|^2 \mathrm{d}u \\
&= C \| f \|^2 \int_{U_j} |g(u)|^2 \mathrm{d}u,\ U_j = \bigcup_{k\in\mathbf{Z}} [-k - 2^j r, -k + 2^j r] \text{（设 } j \text{ 充分小）} \\
&= C \| f \|^2 \int_{-\infty}^{+\infty} |g(u)|^2 \chi_{U_j}(u) \mathrm{d}u,\ \chi_{U_j}(u) = \begin{cases} 1, & u \in U_j \\ 0, & u \notin U_j \end{cases}
\end{aligned}
$$

令 $j \to -\infty$，则 $\chi_{U_j}(u) \to 0$，从而 $\int_{-\infty}^{+\infty} |g(u)|^2 \chi_{U_j}(u) \mathrm{d}u \to 0$，故 $\| P_j f \|^2 \to 0$，即 $P_j f \to 0$，$j \to -\infty$，进而 $\bigcap_{j\in\mathbf{Z}} V_j = \{0\}$。

3. 保证(a2)成立的附加条件

实际上，要保证 V_j 满足(a2)，需要对 g 附加条件，常用的有：

(b3) $\hat{g}(\xi)$ 在 $\xi=0$ 连续，且 $\hat{g}(0) \neq 0$（典型条件）。也可弱一些，条件为：$|\hat{g}(\xi)|$ 在 $\xi=0$ 连续，且 $\hat{g}(0) \neq 0$。

(b3)* $g(x) \in L^1(\mathbf{R})$ 且 $\hat{g}(0) \neq 0$（实际应用中常采用此条件）。

定理 3.2 若 $g(x) \in L^2(\mathbf{R})$ 满足(b1)和(b3)，V_j 由(ab)生成，则 $\bigcup_{j\in\mathbf{Z}} V_j$ 在 $L^2(\mathbf{R})$ 中稠密，即 $\overline{\bigcup_{j\in\mathbf{Z}} V_j} = L^2(\mathbf{R})$。

证明 首先注意到 $\bigcup_{j\in\mathbf{Z}} V_j$ 在 $L^2(\mathbf{R})$ 中稠密等价于若 $f(x) \perp \bigcup_{j\in\mathbf{Z}} V_j$，则 $f(x) = 0$，而

$f(x)=0$ 等价于 $\forall\varepsilon>0$，$\|f\|\leqslant c\varepsilon$，即 $\|f\|$ 可任意小。

现设 $f(x)\perp\bigcup_{j\in\mathbf{Z}}V_j$，下面证 $\|f\|$ 可任意小。

$\forall\varepsilon>0$，定义 $\hat{h}(\xi)=\hat{f}(\xi)\chi_{[-r,r]}$，使得当 r 足够大时，$\|f-h\|=\|\hat{f}-\hat{h}\|<\varepsilon$，$\|f\|=\|f-h+h\|\leqslant\|f-h\|+\|h\|=\|\hat{f}-\hat{h}\|+\|h\|$。

下面估计 $\|h\|$（若有 $\|h\|\leqslant c'\varepsilon$，则有 $\|f\|\leqslant(1+c')\varepsilon\leqslant c\varepsilon$）。

首先，有

$$\|P_jh\|=\|P_j(f-h)\|\leqslant\|f-h\|<\varepsilon$$

又 $\{g_{j,k}(x)\}_{k\in\mathbf{Z}}$ 构成 V_j 的 Riesz 基，由引理 3.1，有

$$\begin{aligned}
\varepsilon^2&>\|P_jh\|^2\geqslant c_1\sum_k|\langle P_jh,g_{j,k}\rangle|^2\\
&=c_1\sum_k|\langle h,g_{j,k}\rangle|^2=c_2\sum_k|\langle\hat{h},\hat{g}_{j,k}\rangle|^2\\
&=c_2\sum_k\left|\int_{-r}^{r}\hat{h}(\xi)2^{-j/2}\mathrm{e}^{\mathrm{i}2^{-j}k\xi}\overline{\hat{g}(2^{-j}\xi)}\mathrm{d}\xi\right|^2\\
&=c_2\sum_k\left|\int_{-2^j\pi}^{2^j\pi}\hat{h}(\xi)2^{-j/2}\mathrm{e}^{\mathrm{i}2^{-j}k\xi}\overline{\hat{g}(2^{-j}\xi)}\mathrm{d}\xi\right|^2
\end{aligned}$$

（设 j 充分大，s. t. $[-2^j\pi,2^j\pi]\supset[-r,r]$）

$$\begin{aligned}
&=c_3\sum_k\left|\left(\hat{h}(\xi)\overline{\hat{g}(2^{-j}\xi)},\frac{1}{\sqrt{2\pi}}2^{-j/2}\mathrm{e}^{-\mathrm{i}k2^j\xi}\right)\right|^2\\
&=c_3\int_{-2^j\pi}^{2^j\pi}|\hat{h}(\xi)\overline{\hat{g}(2^{-j}\xi)}|^2\mathrm{d}\xi\quad\text{（利用了 Parseval 恒等式）}\\
&=c_3\int_{-r}^{r}|\hat{h}(\xi)\overline{\hat{g}(2^{-j}\xi)}|^2\mathrm{d}\xi
\end{aligned}$$

由于 $\left\{\frac{1}{\sqrt{2\pi}}2^{-j/2}\mathrm{e}^{-\mathrm{i}k2^{-j}\xi}\right\}_{k\in\mathbf{Z}}$ 构成 $L^2(-2^j\pi,2^j\pi)$ 中的规范正交基，因此

$$c_3\int_{-r}^{r}|\hat{h}(\xi)\overline{\hat{g}(2^{-j}\xi)}|^2\mathrm{d}\xi<\varepsilon^2$$

令 $j\to+\infty$，则 $2^{-j}\xi\to0$，又 $\hat{g}(\xi)$ 在 $\xi=0$ 连续，因此 $\overline{\hat{g}(2^{-j}\xi)}\to\overline{\hat{g}(0)}$，故有

$$c_3|\overline{\hat{g}(0)}|^2\int_{-r}^{r}|\hat{h}(\xi)|^2\mathrm{d}\xi<\varepsilon^2$$

又 $\hat{g}(0)\neq0$，且 $\int_{-\infty}^{+\infty}|\hat{h}(\xi)|^2\mathrm{d}\xi=\|\hat{h}(\xi)\|^2=\|h\|^2$，因此 $\|h\|\leqslant c'\varepsilon$。

进一步地，$\|f\|\leqslant\|\hat{f}-\hat{h}\|+\|h\|\leqslant\varepsilon+c'\varepsilon$。由于 ε 具有任意性，因此有 $f=0$。

上述一系列结论可总结为下面的定理 3.3。

定理 3.3　若 $g(x)\in L^2(\mathbf{R})$ 满足：

(b1) $\{g(x-k)\}$ 是 $L^2(\mathbf{R})$ 的 Riesz 系或等价地存在正常数 $c_1\leqslant c_2$，使得

$$c_1\leqslant\sum_{k\in\mathbf{Z}}|\hat{g}(\xi+2k\pi)|^2\leqslant c_2$$

(b2) $g(x)$ 满足下面的双尺度方程：

$$g(x)=\sqrt{2}\sum_k\alpha_kg(2x-k)$$

或等价地存在 2π 周期函数 $m_g(\xi)$，使得

$$\hat{g}(\xi)=m_g\left(\frac{\xi}{2}\right)\hat{g}\left(\frac{\xi}{2}\right)$$

(b3) $\hat{g}(\xi)$在 $\xi=0$ 连续，且 $\hat{g}(0)\neq0$，且 V_j 由(ab)定义，即 $V_j=\text{span}\{2^{j/2}g(2^jx-k),k\in\mathbf{Z}\}$，则$\{V_j\}_{j\in\mathbf{Z}}$与 $g(x)$构成一个多分辨分析。

3.3 Meyer 小波和样条小波

1. Meyer 小波

已知函数 $\theta(\xi)$满足如下条件：

$$\begin{cases}0\leqslant\theta(\xi)\leqslant\dfrac{1}{\sqrt{2\pi}}\\ \theta(\xi)=\theta(-\xi)\\ \theta(\xi)=\dfrac{1}{\sqrt{2\pi}},\ |\xi|\leqslant\dfrac{2\pi}{3}\\ \theta(\xi)=0,\ |\xi|>\dfrac{4\pi}{3}\\ \theta^2(\xi)+\theta^2(\xi-2\pi)=\dfrac{1}{2\pi},\ 0\leqslant\xi\leqslant2\pi\end{cases}\tag{3.1}$$

定理 3.4 令 $\hat{\varphi}(\xi)=\theta(\xi)$，则 $\varphi(x)$可作为尺度函数构成一个多分辨分析。

证明 只需证明 $\hat{\varphi}(\xi)$满足定理 3.3 的(b1)、(b2)、(b3)。

首先，$\hat{\varphi}(\xi)=\theta(\xi)$，在 $\xi=0$ 连续，且 $\hat{\varphi}(0)=\dfrac{1}{\sqrt{2\pi}}\neq0$，即(b3)成立。

其次，$\sum\limits_{k\in\mathbf{Z}}|\hat{\varphi}(\xi+2k\pi)|^2=\sum\limits_{k\in\mathbf{Z}}|\theta(\xi+2k\pi)|^2$，右端和式中至多有两项非零，再由 $\theta(\xi)$的定义，有

$$\sum_{k\in\mathbf{Z}}|\hat{\varphi}(\xi+2k\pi)|^2=\sum_{k\in\mathbf{Z}}|\theta(\xi+2k\pi)|^2=\frac{1}{2\pi}$$

因此(b1)成立，且 $\varphi(x)$是规范正交的尺度函数。

最后，可验证：

$$\theta(2\xi)=\sqrt{2\pi}\theta(2\xi)\theta(\xi)$$

事实上，当 $\xi\in\left[-\dfrac{2\pi}{3},\dfrac{2\pi}{3}\right]$时，$\theta(\xi)=\dfrac{1}{\sqrt{2\pi}}$ ，上式两边相同；而当 $\xi\notin\left[-\dfrac{2\pi}{3},\dfrac{2\pi}{3}\right]$时，$\theta(2\xi)=0$，上式两边相等。

取 $m_\varphi(\xi)$为 $\sqrt{2\pi}\theta(2\xi)$的 2π 周期化，则有

$$\hat{\varphi}(2\xi)=m_\varphi(\xi)\hat{\varphi}(\xi)$$

即(b2)成立。

定理 3.4 表明，$\varphi(x)$可作为尺度函数构成一个多分辨分析，而由该多分辨分析导出的小波就称为 Meyer 小波。例如，取

$$\hat{\psi}(\xi) = e^{i\xi/2}\overline{m_{\varphi}\left(\frac{\xi}{2}+\pi\right)}\hat{\varphi}\left(\frac{\xi}{2}\right)$$

其中，$\hat{\varphi}(\xi)=\theta(\xi)$。由定义知，Meyer 尺度函数与小波函数在频域中都是紧支函数，它们在时域不具有紧支性，但有很好的光滑性。

引理 3.2　设 $f(x)\in L^2(\mathbf{R}^d)$，且$|\hat{f}(\xi)|<c\,(1+|\xi|)^{-N-\varepsilon}$，$\varepsilon>0$，则 $f(x)$的所有不超过 $N-d$ 阶的偏导数都属于$L^2(\mathbf{R}^d)$且是连续的。

Meyer 尺度函数 $\hat{\varphi}$ 和小波函数的傅里叶变换 $\hat{\psi}$ 是紧支函数，因此 φ，$\psi\in C^{\infty}$，即 φ、ψ 无穷阶光滑，且对任意整数 k，$l\geqslant 0$，都存在常数 $c=c(k, l)$，使得

$$\left|\frac{d^k\psi(x)}{dx^k}\right|\leqslant c\,(1+|x|)^{-l},\quad \forall x\in\mathbf{R}$$

Meyer 小波及其导数在时域有界，且呈多项式衰减。

最后要说明的是，Meyer 小波不是一个，而是一族，只要 $\theta(\xi)$满足式(3.1)的条件即可。例如，取

$$\theta(\xi)=\begin{cases}\dfrac{1}{\sqrt{2\pi}}, & |\xi|<\dfrac{2\pi}{3}\\[2ex] \dfrac{\cos\left[\dfrac{\pi}{2}\gamma\left(\dfrac{3}{2\pi}|\xi|-1\right)\right]}{\sqrt{2\pi}}, & \dfrac{2\pi}{3}\leqslant|\xi|\leqslant\dfrac{4\pi}{3}\\[2ex] 0, & |\xi|>\dfrac{4\pi}{3}\end{cases}$$

其中，$\gamma(x)$是光滑函数，且满足：

$$\begin{cases}\gamma(x)=\begin{cases}0, & x\leqslant 0\\ 1, & x\geqslant 1\end{cases}\\ \gamma(x)+\gamma(1-x)=1\end{cases}$$

$\gamma(x)$的取法很多。例如，$\gamma(x)=x^4(35-84x+70x^2-20x^3)$，$0\leqslant x\leqslant 1$，这时，$\gamma(x)$、$\theta(\xi)$、$|\hat{\psi}(\xi)|$和 $\psi(x)$的图形如图 3.2 所示。

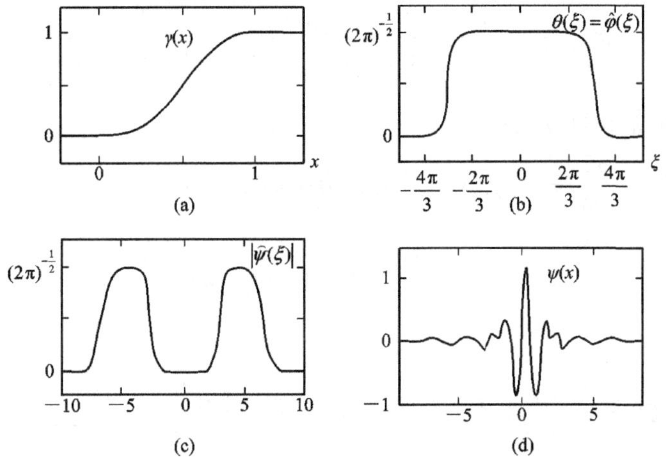

图 3.2　Meyer 小波

2. 样条小波(Rattle - Lemarie 小波)

样条小波是指尺度函数 $\varphi(x)$ 取为整数节点 B 样条而构造的小波，下面给出几个具体的例子。

(1) 尺度函数 $\varphi(x)$ 为 0 阶 B 样条：

$$B(x)=\begin{cases}1, & x\in[0,1)\\ 0, & x\notin[0,1)\end{cases}$$

易于验证，$\varphi(x)=B(x)$ 满足：

(b1) $\{\varphi(x-k)\,|\,k\in\mathbf{Z}\}$ 是 $L^2(\mathbf{R})$ 中的规范正交系。

(b2) $\varphi(x)=\varphi(2x)+\varphi(2x-1)$。

(b3)* $\varphi\in L^1(\mathbf{R})$，$\hat{\varphi}(0)=\int_{-\infty}^{+\infty}\varphi(x)\mathrm{d}x=\int_0^1\mathrm{d}x=1$。

实际上，$\varphi(x)$ 生成例 2.1 中的多分辨分析，对应小波为 Haar 小波。

(2) 尺度函数 $g(x)$ 为 1 阶 B 样条，即 2 个 0 阶 B 样条的卷积：

$$g(x)=B(x)*B(x)=\begin{cases}1-|x|, & x\in[-1,1]\\ 0, & x\notin[-1,1]\end{cases}$$

可验证，$g(x)$ 满足：

(b1) $$\hat{g}(\xi)=\frac{1}{\sqrt{2\pi}}\left(\frac{\sin\frac{\xi}{2}}{\frac{\xi}{2}}\right)^2$$

$$c_1=\frac{1}{6\pi}\leqslant\sum_{k\in\mathbf{Z}}|\hat{g}(\xi+2k\pi)|^2=\frac{1}{2\pi}\left(\frac{2}{3}+\frac{1}{3}\cos\xi\right)=\frac{1}{6\pi}\left(1+2\cos^2\left(\frac{\xi}{2}\right)\right)\leqslant\frac{3}{\pi}=c_2$$

(b2) $$g(x)=\frac{1}{2}g(2x+1)+g(2x)+\frac{1}{2}g(2x-1)$$

(b3)* $$g\in L^1(\mathbf{R}),\ \hat{g}(0)=\int_{\mathbf{R}}g(x)\mathrm{d}x=1$$

$g(x)$ 规范正交化成 $\varphi(x)$：

$$\hat{\varphi}(\xi)=\sqrt{3}\,\frac{\hat{g}(\xi)}{\left(1+2\cos^2\frac{\xi}{2}\right)^{1/2}}=\frac{\sqrt{3}}{\sqrt{2\pi}}\,\frac{4\sin^2\frac{\xi}{2}}{\xi^2\,(1+2\cos^2(\xi/2))^{1/2}}$$

则 $\varphi(x)$ 是规范正交的尺度函数。

令 $\dfrac{1}{\left(1+2\cos^2\left(\frac{\xi}{2}\right)\right)^{1/2}}=\sum_n c_n\mathrm{e}^{-in\xi}$ 有无穷个非零系数，则

$$\varphi(x)=\sqrt{2}\sum_n c_n\varphi(2x-n)$$

进一步，有

$$\hat{\varphi}(\xi)=m_\varphi\left(\frac{\xi}{2}\right)\hat{\varphi}\left(\frac{\xi}{2}\right),\ m_\varphi(\xi)=\cos^2\frac{\xi}{2}\left[\frac{1+2\cos^2\frac{\xi}{2}}{1+2\cos^2\xi}\right]^{1/2}$$

$$\hat{\psi}(\xi) = e^{i\xi/2}\sin^2\frac{\xi}{4}\left[\frac{1+2\sin^2\frac{\xi}{4}}{1+2\cos^2\frac{\xi}{2}}\right]^{1/2}\hat{g}\left(\frac{\xi}{2}\right)$$

令

$$\left[\frac{1-\sin^2\frac{\xi}{4}}{\left(1+2\cos^2\frac{\xi}{2}\right)\left(1+\cos^2\frac{\xi}{4}\right)}\right]^{1/2} = \sum_n d_n e^{-in\xi}$$

则

$$\psi(x) = \frac{\sqrt{3}}{2}\sum_n (d_{n+1} - 2d_n + d_{n-1})g(2x-n)$$

$g(x)$、$\varphi(x)$、$\psi(x)$的图形见图 3.3。

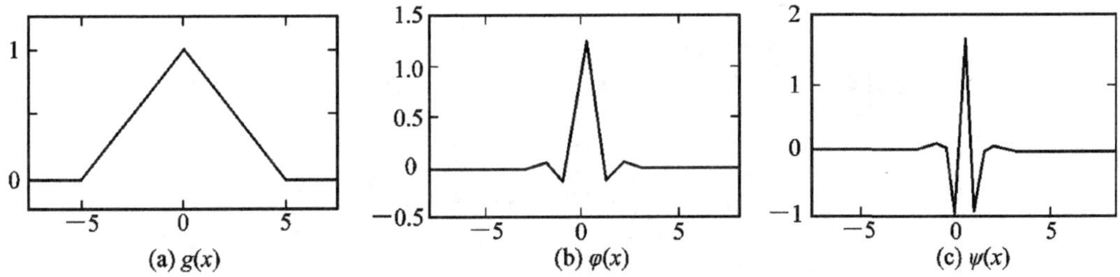

图 3.3　1 阶 B 样条 $g(x)$、$\varphi(x)$、$\psi(x)$的图形

(3) 尺度函数 $g(x)$为 2 阶 B 样条，即 3 个 0 阶 B 样条的卷积：

$$g(x) = B(x)*B(x)*B(x) = \begin{cases} \frac{1}{2}(x+1)^2, & -1\leqslant x\leqslant 0 \\ \frac{3}{4}-\left(x-\frac{1}{2}\right)^2, & 0\leqslant x\leqslant 1 \\ \frac{1}{2}(x-2)^2, & 1\leqslant x\leqslant 2 \\ 0, & \text{其他} \end{cases}$$

$$\hat{g}(\xi) = (2\pi)^{-1/2}e^{-i\xi/2}\left(\frac{\sin\frac{\xi}{2}}{\frac{\xi}{2}}\right)^3$$

(b1)　$$c_1 = \frac{8}{15}\leqslant\sum_{k\in\mathbf{Z}}|\hat{g}(\xi+2k\pi)|^2 = \frac{8}{15}+\frac{13}{30}\cos\xi+\frac{1}{30}\cos^2\xi\leqslant 1 = c_2$$

(b2)　$$g(x) = \frac{1}{4}g(2x+1)+\frac{3}{4}g(2x)+\frac{3}{4}g(2x-1)+\frac{1}{4}g(2x-2)$$

(b3)*　$$g\in L^1(\mathbf{R}),\ \int_{\mathbf{R}}g(x)\mathrm{d}x = 1$$

$g(x)$、$\varphi(x)$、$\psi(x)$的图形见图 3.4。

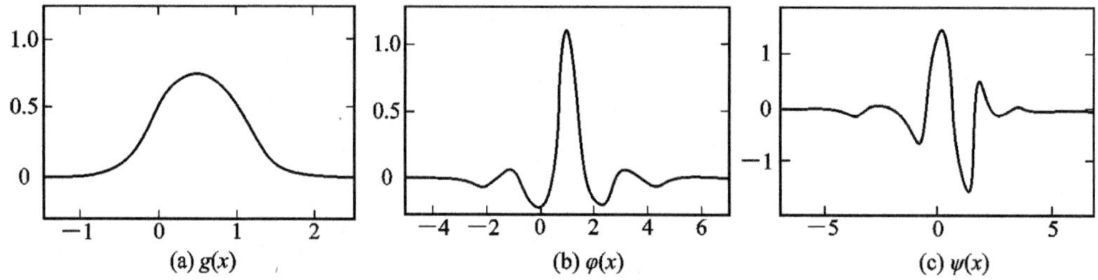

图 3.4　2 阶 B 样条 $g(x)$、$\varphi(x)$、$\psi(x)$的图形

一般地，N 阶 B 样条是 $N+1$ 个 0 阶 B 样条的卷积，即

$$g(x)=B(x)*B(x)*\cdots*B(x)$$

可以证明，$g(x)$满足如下双尺度方程：

$$g(x)=\begin{cases}2^{-2M}\sum\limits_{j=0}^{2M+1}\binom{2M+1}{j}g(2x-M-1+j), & N=2M\\ 2^{-2M-1}\sum\limits_{j=0}^{2M+2}\binom{2M+1}{j}g(2x-M-1+j), & N=2M+1\end{cases}$$

$$\hat{g}(\xi)=\frac{1}{\sqrt{2\pi}}\mathrm{e}^{-\mathrm{i}k\xi/2}\left(\frac{\sin\frac{\xi}{2}}{\frac{\xi}{2}}\right)^{N+1}$$

其中，N 为偶数时 $k=1$，N 为奇数时 $k=0$。可以证明，$\hat{g}(\xi)$满足(b1)。显然，$g\in L^1(\mathbf{R})$，$\int_{\mathbf{R}}g(x)\mathrm{d}x=1$。因此，各阶 B 样条都可作为尺度函数生成多分辨分析和相应的规范正交小波。

Battle - Lemarie 小波在时域都是非紧支的，但它们在时域具有负幂函数衰减性：$\exists\gamma_1,\gamma_2,c_1,c_2\geqslant 0$　s. t. $\forall x\in\mathbf{R}$，有$|\varphi(x)|\leqslant c_1\mathrm{e}^{-\gamma_1|x|}$，$|\psi(x)|\leqslant c_2\mathrm{e}^{-\gamma_2|x|}$。

本节给出两族小波的例子：Meyer 小波和样条小波。其中 Meyer 小波规范正交，无穷光滑，导数有界，负幂函数衰减；而样条小波规范正交，指数衰减，但不具有无穷光滑同时导数有界的性质，如 Haar 小波。那么是否存在在时域同时满足无穷光滑、导数有界、指数衰减的规范正交小波呢?

定理 3.5　设 $\psi(x)$是规范正交小波，若 $\psi(x)$指数衰减，同时又无穷光滑和导数有界，则 $\psi(x)=0$。

定理 3.5 表明不存在同时满足上述性质的非平凡小波。

第 4 章　紧支规范正交小波

紧支规范正交小波对应着有限冲激响应(FIR)的高通传递函数(小波滤波器)，为小波变换带来了方便。本章讨论如何构造紧支规范正交小波。由前两章可以看到，构造小波可以归结为构造尺度函数，实际上紧支规范正交尺度函数可导出紧支规范正交小波。本章 4.1 节将讨论紧支规范正交小波的构造；4.2 节进一步加上光滑性条件，讨论光滑的紧支规范正交小波的构造；4.3 节给出一个著名的例子：Daubechies 小波；4.4 节进一步讨论小波的对称性；4.5 节介绍尺度函数与小波函数的计算问题。

4.1　紧支规范正交小波的构造

由第 2 章规范正交小波的构造过程以及两个特例可以看出，如果规范正交的尺度函数 $\varphi(x)$是紧支的，则由此构造的规范正交小波是紧支的；另一方面，即使 Riesz 尺度函数是紧支的，规范正交化后也可能会失去紧支性。因此构造紧支规范正交小波问题可归结为构造紧支规范正交尺度函数。

紧支规范正交尺度函数 $\varphi(x)$需要满足：

(b1)* $\{\varphi(x-k)\}_{k\in\mathbf{Z}}$ 是一组规范正交系，等价于：

$$\sum_{k\in\mathbf{Z}}\left|\hat{\varphi}(\xi+2k\pi)\right|^2=\frac{1}{2\pi}$$

(b2)双尺度方程 $\varphi(x)=\sqrt{2}\sum_k h_k\varphi(2x-k)$ 等价于：

$$\hat{\varphi}(\xi)=m_\varphi\left(\frac{\xi}{2}\right)\hat{\varphi}\left(\frac{\xi}{2}\right)$$

或

$$\hat{\varphi}(2\xi)=m_\varphi(\xi)\hat{\varphi}(\xi)$$

(b3)* $\varphi(x)\in L^1(\mathbf{R})$，$\hat{\varphi}(0)\neq 0$。

(b4)$\varphi(x)$紧支。

为构造满足上述条件的 $\varphi(x)$，典型的做法是将 $\varphi(x)$的条件转移到尺度滤波器上，通过构造满足相应条件的尺度滤波器来构造尺度函数。下面分析满足(b1)*、(b2)、(b3)*、(b4)的紧支规范正交尺度函数对应的尺度滤波器 $m_\varphi(\xi)$应满足的条件：

(b2)等价于 $\hat{\varphi}(2\xi)=m_\varphi(\xi)\hat{\varphi}(\xi)$，其中 $m_\varphi(\xi)=\frac{1}{\sqrt{2}}\sum_n h_n e^{-in\xi}$。

(b1)蕴含着(见定理 2.2)：

(c1) $|m_\varphi(\xi)|^2+|m_\varphi(\xi+\pi)|^2=1$。

(b3)* 蕴含着(见定理 2.2)：

(c2)$m_\varphi(0)=1$ ($m_\varphi(\pi)=0$)。

(b4)蕴含着 $h_n=(\varphi(x), \sqrt{2}\varphi(2x-n))$ 只有有限个非零，从而 $m_\varphi(\xi)$ 是一个三角多项式。

由(b1)～(b4)刻画的尺度函数与由(c1)、(c2)刻画的尺度滤波器 $m_\varphi(\xi)$ 的关系见图 4.1。

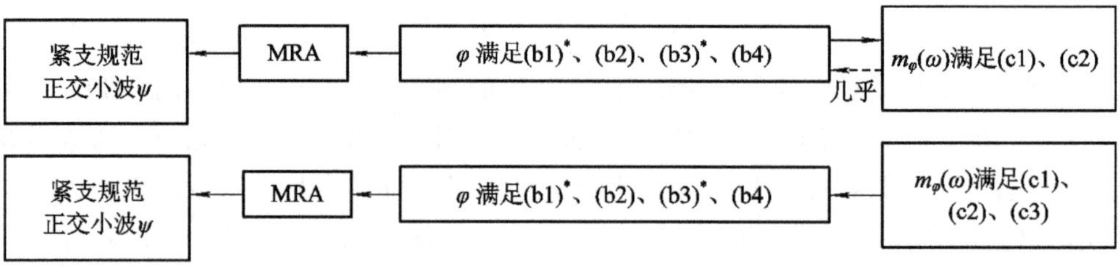

图 4.1 尺度滤波器 $m_\varphi(\xi)$ 与尺度函数、MRA 以及小波的关系

上述分析启发我们构造 2π 周期的三角多项式 $m_\varphi(\xi)$，使其满足(c1)、(c2)，由双尺度方程确定 $\hat{\varphi}(\xi)$。但这样做需要解决两个问题：一方面，双尺度方程是关于 $\hat{\varphi}(\xi)$ 的一个隐式方程，需要显式化；另一方面，这样确定的 φ 是否满足(b1)*、(b2)、(b3)*、(b4)。实际上可以证明，这样确定的 φ 满足 (b2)、(b3)*、(b4)，要保证(b1)*，还需附加其他条件。

下面我们假设 $m_\varphi(\xi)$ 是 2π 周期的三角多项式，且满足(c1)、(c2)。首先给出由 $m_\varphi(\xi)$ 确定 $\hat{\varphi}(\xi)$ 的显式表达式，然后证明若 2π 周期的三角多项式 $m_\varphi(\xi)$ 满足(c1)和(c2)，则由 $m_\varphi(\xi)$ 确定的 φ 满足(b2)、(b3)*、(b4)，最后再给出需要附加的其他条件。

1. $m_\varphi(\xi)$ 确定 $\hat{\varphi}(\xi)$ 的显式表达式

为了对双尺度方程显式化，首先注意到，对任意非零整数 k，有 $\hat{\varphi}(2k\pi)=0$。实际上，对整数 $k\neq 0$，一定存在正整数 l 和整数 m，使得 $2^l(2m+1)$，并且 $m_\varphi(\pi)=0$，因此

$$\begin{aligned}\hat{\varphi}(2k\pi) &= \hat{\varphi}(2\cdot 2^l(2m+1)\pi)=\hat{\varphi}(2^l(2m+1)\pi)m_\varphi(2^l(2m+1)\pi)\\ &= m_\varphi(2^l(2m+1)\pi)m_\varphi(2^{l-1}(2m+1)\pi)\cdots m_\varphi((2m+1)\pi)\hat{\varphi}((2m+1)\pi)\\ &= 0\end{aligned}$$

要保证 φ 的规范正交性，当 $\xi=0$ 时，应有

$$\frac{1}{2\pi}=\sum_{n\in\mathbf{Z}}|\hat{\varphi}(0+2n\pi)|^2=|\hat{\varphi}(0)|^2+\sum_{n\neq 0}|\hat{\varphi}(2n\pi)|^2=|\hat{\varphi}(0)|^2$$

即

$$|\hat{\varphi}(0)|^2=\frac{1}{2\pi}$$

一般假定 $\hat{\varphi}(0)=\frac{1}{\sqrt{2\pi}}$，等价于 $\int\varphi(x)\mathrm{d}x=1$。

由双尺度方程可得

$$\hat{\varphi}(\xi)=m_\varphi\left(\frac{\xi}{2}\right)\hat{\varphi}\left(\frac{\xi}{2}\right)=m_\varphi\left(\frac{\xi}{2}\right)m_\varphi\left(\frac{\xi}{4}\right)\hat{\varphi}\left(\frac{\xi}{4}\right)=\cdots=\frac{1}{\sqrt{2\pi}}\prod_{j=1}^{\infty}m_\varphi\left(\frac{\xi}{2^j}\right)$$

即(bc) $\hat{\varphi}(\xi)=\frac{1}{\sqrt{2\pi}}\prod_{j=1}^{\infty}m_\varphi\left(\frac{\xi}{2^j}\right)$。

2. 无穷乘积收敛性

条件(bc)是对双尺度方程形式上的显式化，当其中的无穷乘积收敛时才有意义。事实上，可证明这一无穷乘积是收敛的。

显然，有

$$|m_\varphi(\xi)| \leqslant 1 + |m_\varphi(\xi) - 1| = 1 + |m_\varphi(\xi) - m_\varphi(0)|$$

而

$$\begin{aligned}
|m_\varphi(\xi) - m_\varphi(0)| &= \left|\frac{1}{\sqrt{2}}\sum_n h_n e^{-in\xi} - \frac{1}{\sqrt{2}}\sum_n h_n e^{-in0}\right| \\
&= \left|\frac{1}{\sqrt{2}}\sum_n h_n (e^{-in\xi} - 1)\right| \\
&= \left|\frac{1}{\sqrt{2}}\sum_n h_n e^{-i\frac{n\xi}{2}} (e^{-i\frac{n\xi}{2}} - e^{i\frac{n\xi}{2}})\right| \\
&= \left|\frac{1}{\sqrt{2}}\sum_n h_n e^{-i\frac{n\xi}{2}} (-2i)\sin\frac{n\xi}{2}\right| \\
&\leqslant \sqrt{2}\sum_n |h_n| \, |e^{-i\frac{n\xi}{2}}| \left|\sin\frac{n\xi}{2}\right| \\
&\leqslant \sqrt{2}\sum_n |h_n| \left|\frac{n\xi}{2}\right| \leqslant c|\xi|
\end{aligned}$$

其中，$\sum\limits_n n|h_n|$ 有限是因为 h_n 只有有限个非 0。因此

$$|m_\varphi(\xi)| \leqslant 1 + c|\xi| \leqslant e^{c|\xi|}$$

从而有

$$\left|\prod_{j=1}^{\infty} m_\varphi\left(\frac{\xi}{2^j}\right)\right| = \prod_{j=1}^{\infty}\left|m_\varphi\left(\frac{\xi}{2^j}\right)\right| \leqslant \prod_{j=1}^{\infty} e^{c\left|\frac{\xi}{2^j}\right|} = e^{c\sum\limits_{j=1}^{\infty}\frac{|\xi|}{2^j}} = e^{c|\xi|}$$

即无穷乘积 $\frac{1}{\sqrt{2\pi}}\prod\limits_{j=1}^{\infty} m_\varphi\left(\frac{\xi}{2^j}\right)$ 收敛，其极限为 $\hat{\varphi}(\omega)$。

3. $\varphi(x)\in L^2(\mathbf{R})$，$\varphi(x)$ 是紧支的(b4)

由下面引理可得 $\varphi(x)\in L^2(\mathbf{R})$ 的结论。

引理 4.1　若 $m_\varphi(\xi)$ 是 2π 周期的，且满足(c1)，又假定 $(2\pi)^{-1/2}\prod\limits_{j=1}^{\infty} m_\varphi\left(\frac{\xi}{2^j}\right)$ 几乎处处逐点收敛，则其极限 $\hat{\varphi}(\xi)\in L^2(\mathbf{R})$，且 $\|\varphi\|_{L^2}\leqslant 1$。

下面的引理保证 $\varphi(x)$ 是紧支的。

引理 4.2　若三角多项式 $\Gamma(\xi) = \sum\limits_{n=N_1}^{N_2}\gamma_n e^{-in\xi}$ 满足 $\sum\limits_{n=N_1}^{N_2}\gamma_n = 1$，则 $\prod\limits_{j=1}^{\infty}\Gamma\left(\frac{\xi}{2^j}\right)$ 是指数型整函数。特别地，它是一个支集在 $[N_1, N_2]$ 上的广义函数的傅里叶变换。

设三角多项式 $m_\varphi(\xi)$ 中非零系数的支撑为 $[n_1, n_2]$，即当 $n\notin[n_1, n_2]$ 时有 $h_n = 0$，由 $m_\varphi(\xi)$ 的定义及(c1)知 $\sum\limits_{n=n_1}^{n_2}\frac{h_n}{\sqrt{2}} = 1$。由引理 4.2 知，$\hat{\varphi}(\xi) = \frac{1}{\sqrt{2\pi}}\prod\limits_{j=1}^{\infty} m_\varphi\left(\frac{\xi}{2^j}\right)$ 是指数型整函数，且 $\varphi(x)$ 的支集为 $[n_1, n_2]$。

4. $\varphi(x)$满足双尺度方程(b2)

显然，由(bc)定义的 $\hat{\varphi}(\xi)$满足双尺度方程(频域)，因为

$$\hat{\varphi}(2\xi)=\frac{1}{\sqrt{2\pi}}\prod_{j=1}^{\infty}m_{\varphi}\left(\frac{2\xi}{2^{j}}\right)=m_{\varphi}(\xi)\frac{1}{\sqrt{2\pi}}\prod_{j=1}^{\infty}m_{\varphi}\left(\frac{\xi}{2^{j}}\right)=m_{\varphi}(\xi)\hat{\varphi}(\xi)$$

5. $\varphi(x)\in L^{1}(\mathbf{R})$满足 $\hat{\varphi}(0)\neq 0$(b3)

由于 $\varphi(x)\in L^{2}(\mathbf{R})$且 $\varphi(x)$紧支，因此 $\varphi(x)\in L^{1}(\mathbf{R})$。实际上，有

$$\int_{-\infty}^{\infty}|\varphi(x)|\,\mathrm{d}x=\int_{n_1}^{n_2}|\varphi(x)|\,\mathrm{d}x\leqslant\left(\int_{n_1}^{n_2}|\varphi|^{2}\mathrm{d}x\right)^{1/2}\left(\int_{n_1}^{n_2}1^{2}\mathrm{d}x\right)^{1/2}<\infty$$

此外，$\hat{\varphi}(0)=\frac{1}{\sqrt{2\pi}}\prod_{j=1}^{\infty}m_{0}\left(\frac{0}{2^{j}}\right)=\frac{1}{\sqrt{2\pi}}\neq 0$。

遗憾的是，不能保证(b1)* $\sum_{k\in\mathbf{Z}}|\hat{\varphi}(\xi+2k\pi)|^{2}=\frac{1}{2\pi}$ 成立。要保证(b1)* 成立，需附加如下三种条件之一(都不是必需的，但应用方便，且各自包含了很多有用的例子)：

$$(\text{c3})\begin{cases}\inf\limits_{|\xi|\leqslant\pi/2}|m_{\varphi}(\xi)|>0 & (\text{Mallat})\\ m_{\varphi}(\xi)=\left(\frac{1+\mathrm{e}^{-\mathrm{i}\xi}}{2}\right)^{N}l(\xi),\ \operatorname{supp}\limits_{\xi}|l(\xi)|\leqslant 2^{(N-1)/2} & (\text{Daubechies})\\ m_{\varphi}(\xi)\neq 0,\ \xi\in\left[-\frac{\pi}{3},\frac{\pi}{3}\right] & (\text{Cohen})\end{cases}$$

上述讨论总结为如下的定理 4.1。

定理 4.1　设 $m_{\varphi}(\xi)$是一个 2π 周期的三角多项式，$m_{\varphi}(\xi)=\sum_{n=n_1}^{n_2}a_{n}\mathrm{e}^{-\mathrm{i}n\xi}$，满足：

(c1) $|m_{\varphi}(\xi)|^{2}+|m_{\varphi}(\xi+\pi)|^{2}=1$；

(c2) $m_{\varphi}(0)=1$；

(c3) Mallat、Daubechies、Cohen 三个条件中的任意一个，

则可定义

$$\hat{\varphi}(\xi)=\frac{1}{\sqrt{2\pi}}\prod_{j=1}^{\infty}m_{\varphi}(2^{-j}\xi)$$

$$\hat{\psi}(\omega)=-\mathrm{e}^{-\mathrm{i}\xi/2}\,\overline{m_{0}\left(\frac{\xi}{2}+\pi\right)}\hat{\varphi}\left(\frac{\xi}{2}\right)$$

$V_{j}=\operatorname{span}\{\varphi_{j,k}\}_{k\in\mathbf{Z}}$构成 MRA，$\{\psi_{j,k}\}_{j,k\in\mathbf{Z}}$构成 $L^{2}(\mathbf{R})$的紧支规范正交基。

4.2　光滑或正则的紧支规范正交小波

本节在 4.1 节的基础上进一步考虑具有一定正则性的紧支规范正交小波的构造问题。定理 4.2 表明小波的光滑性和衰减性意味着消失矩，而定理 4.3 进一步表明小波的光滑性和衰减性给出了低通传递函数的一个分解，这是规范正交小波正则的一个必要条件。

定理 4.2　设 $\psi(x)$是规范正交小波，$\psi(x)\in C^{N-1}(\mathbf{R})$，$\psi^{(s)}$有界，$s\leqslant N-1$，即 $\psi(x)$存在 $N-1$ 阶导数，各阶导数有界，且存在正常数 c 和数 $\alpha>N$，使得 $|\psi(x)|\leqslant c(1+|x|)^{-\alpha}$(当$|x|\to\infty$ 时，$\psi(x)$呈负幂函数衰减，速度与$(1+|x|)^{-\alpha}$相当)，则

$$\int_{\mathbf{R}} x^s \psi(x) \mathrm{d}x = 0, \quad s = 0, 1, \cdots, N-1$$

称 $\psi(x)$ 具有 N 阶消失矩(Vanishing Moments)。

证明　选择 s 为 $\{0, 1, \cdots, N-1\}$ 中使得 $\int x^s \psi(x) \mathrm{d}x \neq 0$ 的最小整数，若没有这样的整数 s，则 $\forall s = 0, \cdots, N-1$，$\int x^s \psi(x) \mathrm{d}x = 0$，结论成立。

由定理中 ψ 的条件知，ψ 不是多项式，从而 $\psi^{(s)}(x) \neq 0$，因此可找到一个数 $a = k2^{-J}$ ($k, J \in \mathbf{Z}, J \geqslant 0$)，使得 $\psi^{(s)}(a) \neq 0$。

利用 Taylor 公式，有

$$\psi(x) = \sum_{r=0}^{s} a_r (x-a)^r + R(x) \tag{4.1}$$

余项 $R(x)$ 满足 $\forall \varepsilon > 0$，$\exists \delta > 0$，使得当 $|x-a| < \delta$ 时，有

$$|R(x)| \leqslant \varepsilon |x-a|^s \tag{4.2}$$

而 $\forall x \in \mathbf{R}$，有

$$|R(x)| \leqslant c |x-a|^s \tag{4.3}$$

由于 $\psi^{(s)}(a) \neq 0$，因此式(4.1)中 $a_s \neq 0$。

对于 $j > J$，令 $K_j = 2^j a = 2^{j-J} K$，则 $K_j \in \mathbf{Z}$，由正交性，有

$$\int \psi(x) \psi(2^j x - k) \mathrm{d}x = 0 \tag{4.4}$$

令 $u = x - a$，将式(4.1)代入式(4.4)，得

$$\int_{\mathbf{R}} \Big(\sum_{r=0}^{s} a_r u^r + R(u+a) \Big) \psi(2^j u) \mathrm{d}u = 0$$

由 s 的选择知，当 $r < s$ 时，有 $\int_{\mathbf{R}} u^r \psi(2^j u) \mathrm{d}u = 0$，因此有

$$-a_s \int_{\mathbf{R}} u^s \psi(2^j u) \mathrm{d}u = \int_{R} R(u+a) \psi(2^j u) \mathrm{d}u$$

上式左边的积分中，令 $2^j u = x$，则得

$$\int_{\mathbf{R}} x^s \psi(x) \mathrm{d}x = -\frac{1}{a_s} 2^{j(s+1)} \int_{\mathbf{R}} R(u+a) \psi(2^j u) \mathrm{d}u$$

由式(4.2)和式(4.3)，得

$$\begin{aligned} & \left| 2^{j(s+1)} \int_{\mathbf{R}} R(a+u) \psi(2^j u) \mathrm{d}u \right| \\ \leqslant\ & 2^{j(s+1)} \int_{-\delta}^{\delta} \varepsilon |u|^s \frac{\mathrm{d}u}{(1+|2^j u|)^\alpha} + 2 \cdot 2^{j(s+1)} \int_{-\delta}^{\delta} \frac{c |u|^s \mathrm{d}u}{(1+|2^j u|)^\alpha} \\ \leqslant\ & \varepsilon \int_{-2^j\delta}^{2^j\delta} \frac{|x|^s \mathrm{d}x}{(1+|x|)^\alpha} + 2c \int_{2^j\delta}^{\infty} \frac{|x|^s \mathrm{d}x}{(1+|x|)^\alpha} \end{aligned}$$

由于 $\dfrac{|x|^s \mathrm{d}x}{(1+|x|)^\alpha} \in L^1(\mathbf{R})$，因此只要取 ε 足够小，j 足够大，则上面不等式的右端收敛于 0。

定理 4.3　设 $\varphi(x)$ 和 $\psi(x)$ 是某个 MRA 的规范正交尺度函数和小波函数，若 $|\varphi(x)|$，$|\psi(x)| \leqslant c(1+|x|)^{-\alpha}$，$\alpha > N$，$\psi \in C^{N-1}$ 且 $\psi^{(s)}$ 有界，$s \leqslant N-1$，则

$$m_{\varphi}(\xi)=\frac{1}{\sqrt{2}}\sum_{n}h_{n}\mathrm{e}^{-\mathrm{i}n\xi}$$

必有如下形式因式分解：

$$m_{\varphi}(\xi)=\left(\frac{1+\mathrm{e}^{-\mathrm{i}\xi}}{2}\right)^{N}l(\xi)$$

其中，$l(\xi)$是 2π 周期的，且 $l(\xi)\in C^{N-1}$。

证明 由定理 4.2 知，ψ 有 N 阶消失矩，即

$$\int x^{s}\psi(x)\mathrm{d}x=0,\quad s=0,1,\cdots,N-1$$

由傅里叶变换的性质得

$$\hat{\psi}^{(s)}(0)=(-i)^{s}\int x^{s}\psi(x)\mathrm{d}x=0,\ s=0,1,\cdots,N-1$$

又

$$\hat{\psi}(\xi)=\mathrm{e}^{-\mathrm{i}\xi/2}\,\overline{m_{\varphi}\left(\frac{\xi}{2}+\pi\right)}\hat{\varphi}\left(\frac{\xi}{2}\right),\quad \hat{\psi},\hat{\varphi}\in C^{N},\ \hat{\varphi}(0)\neq 0$$

得

$$m_{\varphi}^{(s)}(\pi)=0,\quad s=0,1,\cdots,N-1$$

即 $m_{\varphi}(\xi)$在 $\xi=\pi$ 有 N 重零点，故

$$m_{\varphi}(\xi)=\left(\frac{1+\mathrm{e}^{-\mathrm{i}\xi}}{2}\right)^{N}l(\xi)$$

最后由于 $m_{\varphi}(\xi)\in C^{N-1}$，因此 $l(\xi)\in C^{N-1}$。

构造光滑紧支规范正交尺度函数与小波的问题归结为构造满足如下条件的 $m_{\varphi}(\xi)$：

(c1) $|m_{\varphi}(\xi)|^{2}+|m_{\varphi}(\xi+\pi)|^{2}=1$。

(c2) $m_{\varphi}(0)=1$。

(c3) Mallat、Daubechies、Cohen 中的任意一个。

(c4) $m_{\varphi}(\xi)=\left(\frac{1+\mathrm{e}^{-\mathrm{i}\xi}}{2}\right)^{N}l(\xi)$。

定理 4.3 表明，$m_{\varphi}(\xi)$的上述因式分解形式是光滑紧支规范正交尺度函数与小波的必要(非充分)条件。满足(c1)～(c4)的 $m_{\varphi}(\omega)$构造出的紧支正交小波有 N 阶消失矩，但其光滑性还需用另外的方法估计。

4.3 Daubechies 小波

Daubechies 利用(c1)、(c2)、(c3)中的 Daubechies 条件以及(c4)构造出了一系列具有各阶正则性的紧支规范正交尺度函数和小波。注意：(c3)和(c4)可以合二为一。具体构造过程如下：

(c1) $|m_{\varphi}(\xi)|^{2}+|m_{\varphi}(\xi+\pi)|^{2}=1$。

(c2) $m_{\varphi}(0)=1$。

(c3) Daubechies。

(c4) $m_\varphi(\xi)=\left(\frac{1+e^{-i\xi}}{2}\right)^N l(\xi)$，$N\geqslant1$，其中 $l(\xi)$是周期为 2π 的三角多项式。

构造满足上述条件的 $m_\varphi(\xi)$分为两步：首先，令 $M_\varphi(\xi)=|m_\varphi(\xi)|^2$，并求出 $M_\varphi(\xi)$；其次，由 $M_\varphi(\xi)$求出 $m_\varphi(\xi)$。

1. $M_\varphi(\xi)$的条件和求解

由 $m_\varphi(\xi)$的上述条件知，$M_\varphi(\xi)$满足下面的条件：

$$M_\varphi(\xi)+M_\varphi(\xi+\pi)=1$$

$$M_\varphi(\xi)=\left(\cos^2\frac{\xi}{2}\right)^N L(\xi)$$

其中，$L(\xi)=|l(\xi)|^2$，且 $L(0)=1$。

注意：$L(\xi)=|l(\xi)|^2$ 是一个余弦多项式，又 $\cos\xi=1-2\sin^2\frac{\xi}{2}$，因此 $L(\xi)$可写成关于$\sin^2\frac{\xi}{2}$的多项式，记作 $P\left(\sin^2\frac{\xi}{2}\right)$，则有

$$M_\varphi(\xi)=\left(\cos^2\frac{\xi}{2}\right)^N P\left(\sin^2\frac{\xi}{2}\right),\ P(0)=1 \tag{4.5}$$

$$M_\varphi(\xi)+M_\varphi(\xi+\pi)=1 \tag{4.6}$$

显然，要求 $M_\varphi(\xi)$，只要求 $P\left(\sin^2\frac{\xi}{2}\right)$即可。

在式(4.5)中，令 $y=\sin^2\frac{\xi}{2}$，并代入式(4.6)，则有

$$M_\varphi(\xi)=(1-y)^N P(y)$$

$$(1-y)^N P(y)+y^N P(1-y)=1,\quad y\in[0,1] \tag{4.7}$$

式(4.7)有许多解，但由下面的 Bezout 引理知，式(4.7)存在唯一的次数不超过 $N-1$ 的解，记作 $P_N(y)$。

引理 4.3(Bezout 引理)　设 p_1、p_2 分别是 n_1、n_2 次多项式，无共同零点，则存在唯一的多项式 q_1、q_2，分别为 n_2-1、n_1-1 次，使得

$$p_1(x)q_1(x)+p_2(x)q_2(x)=1$$

由 Bezout 引理知，式(4.7)存在唯一的次数不超过 $N-1$ 的多项式 q_1、q_2，使得

$$(1-y)^N q_1(y)+y^N q_2(y)=1$$

显然，$(1-y)^N q_2(1-y)+y^N q_1(1-y)=1$ 也成立，由 q_1、q_2 的唯一性可知，$q_2(y)=q_1(1-y)$。令 $P_N(y)=q_1(y)$，则 $P_N(y)$是式(4.7)的唯一的 $N-1$ 次多项式解。

下面求 $P_N(y)$。

$P_N(y)$满足方程：

$$(1-y)^N P_N(y)+y^N P_N(1-y)=1$$

因此可表示为

$$P_N(y)=(1-y)^{-N}[1-y^N P_N(1-y)]$$

对$(1-y)^{-N}$在 $y=0$ 点作 Taylor 展开，得

$$P_N(y)=\left[\sum_{k=0}^{\infty}\binom{N-1+k}{k}y^k\right][1-y^NP_N(1-y)]$$
$$=\sum_{k=0}^{N-1}\binom{N-1+k}{k}y^k+\sum_{k=N}^{\infty}\binom{N-1+k}{k}y^k-P_N(1-y)\sum_{k=0}^{\infty}\binom{N-1+k}{k}y^{N+k}$$
$$=\sum_{k=0}^{N-1}\binom{N-1+k}{k}y^k+\widetilde{P}_N(y)$$

其中，$\widetilde{P}_N(y)$的最低次项为 N 次，而 $P_N(y)$的次数不超过 $N-1$，因此应有 $\widetilde{P}_N(y)=0$，从而

$$P_N(y)=\sum_{k=0}^{N-1}\binom{N-1+k}{k}y^k \tag{4.8}$$

实际上，方程(4.7)还有其他高次解，记作 $P(y)$，且有

$$\begin{cases}(1-y)^NP(y)+y^NP(1-y)=1\\(1-y)^NP_N(y)+y^NP_N(1-y)=1\end{cases}$$

两式相减，有

$$(1-y)^N[P(y)-P_N(y)]+y^N[P(1-y)-P_N(1-y)]=0 \tag{4.9}$$

这表明 $P(y)-P_N(y)$能被 y^N 整除，即

$$P(y)-P_N(y)=y^NR(y) \tag{4.10}$$

式(4.10)对 $1-y$ 也成立，即

$$P(1-y)-P_N(1-y)=(1-y)^NR(1-y) \tag{4.11}$$

将式(4.10)和式(4.11)代入式(4.9)，有

$$R(y)+R(1-y)=0 \tag{4.12}$$

式(4.12)对$\frac{1}{2}+y$ 也成立，即

$$R\left(\frac{1}{2}+y\right)=-R\left(\frac{1}{2}-y\right) \tag{4.13}$$

这意味着 $R(y)$关于 $y=\frac{1}{2}$反对称。由式(4.10)得

$$P(y)=P_N(y)+y^NR(y) \tag{4.14}$$

其中，$R(y)$满足式(4.13)。

Daubechies 小波取 $R(y)\equiv 0$，也就是对方程(4.7)只取最低次解 $P_N(y)$。

2. $m_\varphi(\xi)$的求解

下面讨论如何由 $M_\varphi(\xi)=|m_\varphi(\xi)|^2$ 求 $m_\varphi(\xi)$，定理 4.4 给出了具体求解过程。

定理 4.4(Riesz 定理) 设 $M(\xi)$是一个非负的只含余弦的三角多项式，即 $M(\xi)=\sum_{n=0}^{N}a_n\cos n\xi$，则存在三角多项式 $m(\xi)=\sum_{n=0}^{N}b_n e^{-in\xi}$，使得 $M(\xi)=|m(\xi)|^2$。

证明 先将 $M(\xi)$写成复指数多项式的形式：

$$M(\xi)=\sum_{n=0}^{N}a_n\cos n\xi=a_0+\frac{1}{2}\sum_{n=0}^{N}a_n(e^{-in\xi}+e^{in\xi})$$
$$=e^{iN\xi}\left[\frac{1}{2}\sum_{n=0}^{N-1}a_{N-n}e^{-in\xi}+a_0e^{-iN\omega}+\frac{1}{2}\sum_{n=1}^{N}a_ne^{-i(N+n)\xi}\right]$$

然后将上面多项式延拓到复平面上，令 $z=\mathrm{e}^{-\mathrm{i}\omega}$，有

$$M(\xi)=z^N\left[\frac{1}{2}\sum_{n=0}^{N-1}a_{N-n}z^n+a_0z^N+\frac{1}{2}\sum_{n=1}^{N}a_nz^{N+n}\right]$$

令

$$P_M(z)=\frac{1}{2}\sum_{n=0}^{N-1}a_{N-n}z^n+a_0z^N+\frac{1}{2}\sum_{n=1}^{N}a_nz^{N+n}$$

$P_M(z)$是关于 z 的 $2N$ 次多项式，因此有 $2N$ 个零点(记重数)。这里设 $P_M(z)$中不再含有公因子 z，如果有的话，将其提取出来并入 z^N，从而 0 不是 $P_M(z)$的零点。下面来分析 $P_M(z)$的零点。

首先，易于验证 $P_M(z)=z^{2N}P_M(z^{-1})$，因此 $P_M(z)$与 $z^{2N}P_M(z^{-1})$有相同零点。这表明，如果 $P_M(z_j)=0$，则必有 $P_M(z_j^{-1})=0$。其次，由于 $a_n\in\mathbf{R}$，因此$\overline{P_M(z)}=P_M(\bar{z})$，从而，若 $P_M(z_j)=0$，则 $P_M(\bar{z}_j)=0$。总之，$P_M(z)$的零点有如下特点：

若 $z_j\neq0$ 是 $P_M(z)$的复零点，则 z_j^{-1}、$\bar{z}_j$、$\bar{z}_j^{-1}$ 也是复零点；若 r_k 是 $P_M(z)$的实零点，则$\dfrac{1}{r_k}$也是。因此 $P_M(z)$可表示为如下形式：

$$P_M(z)=\frac{1}{2}a_N\left[\prod_{k=1}^{K}(z-r_k)(z-r_k^{-1})\right]\left[\prod_{j=1}^{J}(z-z_j)(z-\bar{z}_j)(z-z_j^{-1})(z-\bar{z}_j^{-1})\right]$$

又

$$\begin{aligned}|\mathrm{e}^{-\mathrm{i}\xi}-z_j\|\mathrm{e}^{-\mathrm{i}\xi}-\bar{z}_j^{-1}|&=|z_j|^{-1}|(\mathrm{e}^{-\mathrm{i}\xi}-z_j)(\bar{z}_j-\mathrm{e}^{\mathrm{i}\xi})|\\&=|z_j|^{-1}|\mathrm{e}^{-\mathrm{i}\xi}-z_j|^2\end{aligned}$$

$$\begin{aligned}M(\xi)&=|M(\xi)|=|P_M(\mathrm{e}^{-\mathrm{i}\xi})|\\&=\left[\frac{1}{2}|a_N|\prod_{k=1}^{K}|r_k|^{-1}\prod_{j=1}^{J}|z_j|^{-2}\right]\left|\prod_{k=1}^{K}(\mathrm{e}^{-\mathrm{i}\xi}-r_k)\prod_{j=1}^{J}(\mathrm{e}^{-\mathrm{i}\xi}-z_j)(\mathrm{e}^{-\mathrm{i}\xi}-\bar{z}_j)\right|^2\end{aligned}$$

不妨取

$$m(\xi)=\left[\frac{1}{2}|a_N|\prod_{k=1}^{K}|r_k|^{-1}\prod_{j=1}^{J}|z_j|^{-2}\right]^{1/2}\cdot\prod_{k=1}^{K}(\mathrm{e}^{-\mathrm{i}\xi}-r_k)\prod_{j=1}^{J}(\mathrm{e}^{-\mathrm{i}\xi}-z_j)(\mathrm{e}^{-\mathrm{i}\xi}-\bar{z}_j)$$

其中，$K+2J=N$，$m(\xi)$是 N 阶实系数多项式，则有 $M(\xi)=|m(\xi)|^2$。

定理 4.4 中由 $M(\xi)=|m(\xi)|^2$ 求 $m(\xi)$的方法称为谱分解方法。应该说明的是，解 $m(\xi)$是不唯一的。零点的选择不同，得到的 $m(\xi)$也不同。例如，均取单位圆内的零点，得到的 $m(\xi)$是最小相位系统。

Daubechies 小波的构造过程归纳为：取 $R\equiv0$，$P(y)=P_N(y)$，$L(\xi)=P_N\left(y=\sin^2\left(\dfrac{\xi}{2}\right)\right)$；然后利用定理 4.4 由 $L(\xi)=|l(\xi)|^2$ 求出 $l(\xi)$，取所有位于单位圆内的根；最后将 $l(\xi)$代入

$$m_\varphi(\xi)=\left(\frac{1+\mathrm{e}^{-\mathrm{i}\xi}}{2}\right)^N l(\xi)$$

Daubechies 证明了 $\mathrm{supp}|L(\xi)|<2^{N-1}$。

$m_\varphi(\xi)$满足(c1)、(c2)、(c3)、(c4)，它对应紧支规范正交的尺度函数和小波，分别记作 φ_N 和 ψ_N，其光滑性大致为 φ_N，$\psi_N\in C^{\mu N}$，$\mu\approx0.2$。当 $N=1$ 时，φ_N 和 ψ_N 退化为 Haar 尺度函数和小波。当 N 较大时，φ_N 和 ψ_N 是紧支规范正交的且具有连续性的尺度函数与小波。这是分析学家们多年来梦寐以求的结果。

【例 4.1】 $N=3$ 时，有

$$P_3(y)=\sum_{l=0}^{2}\binom{2+l}{l}y^l=1+3y+6y^2$$

设 $l(z)=a_0+a_1z+a_2z^2$（实系数），则

$$\begin{aligned}L(\xi)&=|\,l(\mathrm{e}^{-\mathrm{i}\xi})\,|^2\\&=l(\mathrm{e}^{-\mathrm{i}\xi})l(\mathrm{e}^{\mathrm{i}\xi})\\&=(a_0+a_1+a_2)^2-4(a_0a_1+a_1a_2+a_2a_0)\sin^2\frac{\omega}{2}\\&\quad+16a_0a_2\sin^4\frac{\omega}{2}\\&=P\left(\sin^2\frac{\omega}{2}\right)=1+3\sin^2\frac{\omega}{2}+6\sin^4\frac{\omega}{2}\end{aligned}$$

$$\Rightarrow\begin{cases}(a_0+a_1+a_2)^2=1\\-4(a_0a_1+a_1a_2+a_2a_0)=3\\16a_0a_2=3\end{cases}$$

$$\Rightarrow\begin{cases}a_0=\dfrac{1}{4}\times(1+\sqrt{10}+\sqrt{5+2\sqrt{10}})\\a_1=\dfrac{1}{4}\times(1-\sqrt{10})\times 2\\a_2=\dfrac{1}{4}\times(1+\sqrt{10}-\sqrt{5+2\sqrt{10}})\end{cases}$$

$$\begin{aligned}m_\varphi(\xi)&=\left(\frac{1+\mathrm{e}^{-\mathrm{i}\xi}}{2}\right)^3l(\mathrm{e}^{-\mathrm{i}\xi})\\&=\frac{1}{8}(1+3\mathrm{e}^{-\mathrm{i}\xi}+3\mathrm{e}^{-2\mathrm{i}\xi})(a_0+a_1\mathrm{e}^{-\mathrm{i}\xi}+a_2\mathrm{e}^{-2\mathrm{i}\xi})\\&=\frac{1}{8}(a_0+(3a_0+a_1)\mathrm{e}^{-\mathrm{i}\xi}+(3a_0+3a_1+a_2)\mathrm{e}^{-2\mathrm{i}\xi}\\&\quad+(a_0+3a_1+3a_2)\mathrm{e}^{-3\mathrm{i}\xi}+(a_1+3a_2)\mathrm{e}^{-4\mathrm{i}\xi}+a_2\mathrm{e}^{-5\mathrm{i}\omega})\end{aligned}$$

又

$$m_\varphi(\xi)=\frac{1}{\sqrt{2}}\sum_n h_n\mathrm{e}^{-\mathrm{i}n\xi}$$

$$h_0=\frac{\sqrt{2}}{8}a_0=\frac{1}{16\sqrt{2}}\times(1+\sqrt{10}+\sqrt{5+2\sqrt{10}})$$

$$h_1=\frac{\sqrt{2}}{8}(3a_0+a_1)=\frac{1}{16\sqrt{2}}\times(5+\sqrt{10}+3\sqrt{5+2\sqrt{10}})$$

$$h_2=\frac{\sqrt{2}}{8}(3a_0+3a_1+a_2)=\frac{1}{16\sqrt{2}}\times(5+\sqrt{10}+3\sqrt{5+2\sqrt{10}})$$

$$h_3=\frac{\sqrt{2}}{8}(a_0+a_1+3a_2)=\frac{1}{16\sqrt{2}}\times(10-2\sqrt{10}-2\sqrt{5+2\sqrt{10}})$$

$$h_4=\frac{\sqrt{2}}{8}(a_1+3a_3)=\frac{1}{16\sqrt{2}}\times(5+\sqrt{10}-3\sqrt{5+2\sqrt{10}})$$

$$h_5=\frac{\sqrt{2}}{8}a_2=\frac{1}{16\sqrt{2}}\times(1+\sqrt{10}-\sqrt{5+2\sqrt{10}})$$

当 $N=2\sim10$ 时，尺度滤波器 $\{h_n\}$ 见表 4.1。

表 4.1　$N=2\sim10$ 时尺度滤波器 $\{h_n\}$

N	n	h_n	N	n	h_n
2	1	0.836 516 303 737 807 7	6	0	0.111 540 743 330 109 5
	2	0.221 143 868 042 013 4		1	0.494 623 890 398 453 3
	3	−0.129 409 522 551 260 3		2	0.751 133 908 021 095 9
3	0	0.332 670 552 950 082 5		3	0.315 250 351 709 198 2
	1	0.806 891 509 311 092 4		4	−0.226 264 693 965 440 0
	2	0.459 877 502 118 491 4		5	−0.129 766 867 567 262 5
	3	−0.135 011 020 010 254 6		6	0.097 501 605 587 322 5
	4	−0.085 441 273 882 026 7		7	0.027 522 865 530 305 3
	5	0.035 226 291 885 709 5		8	−0.031 582 039 317 486 2
4	0	0.230 377 813 308 896 4		9	0.000 553 842 201 161 4
	1	0.714 846 570 552 915 4		10	0.004 777 257 510 945 5
	2	0.630 880 767 939 858 7		11	−0.001 077 301 085 308 5
	3	−0.027 983 769 416 859 9	7	0	0.077 852 054 085 003 7
	4	−0.187 034 811 719 093 1		1	0.396 539 319 481 891 2
	5	0.030 841 381 835 560 7		2	0.729 132 090 846 195 7
	6	0.032 883 011 666 885 2		3	0.469 782 287 405 188 9
	7	−0.010 597 401 785 069 0		4	−0.143 906 003 928 521 2
5	0	0.160 102 397 974 192 9		5	−0.224 036 184 993 841 2
	1	0.603 829 269 797 189 5		6	0.071 309 219 266 822 2
	2	0.724 308 528 137 772 6		7	0.080 612 609 151 077 4
	3	0.138 428 145 901 320 3		8	−0.038 029 936 935 010 4
	4	−0.242 294 887 066 382 3		9	−0.016 574 541 630 665 5
	5	−0.032 244 869 584 638 1		10	0.012 550 998 556 098 6
	6	0.077 571 493 840 045 9		11	0.000 429 577 972 921 1
	7	−0.006 241 490 212 798 3		12	−0.001 801 640 704 047 3
	8	−0.012 580 751 999 082 0		13	0.000 353 713 799 974 5
	9	0.003 335 725 285 473 8			

续表

N	n	h_n	N	n	h_n
8	0	0.054 415 842 243 107 2	9	11	0.022 361 662 123 679 8
	1	0.312 871 590 914 316 6		12	−0.004 723 204 757 751 8
	2	0.675 630 736 297 319 5		13	−0.004 281 503 682 463 5
	3	0.585 354 683 654 215 9		14	0.001 847 646 883 056 3
	4	−0.015 829 105 256 382 3		15	0.000 230 385 763 523 2
	5	0.284 015 542 961 582 4		16	−0.000 251 963 188 942 7
	6	0.000 472 484 573 912 4		17	0.000 039 347 320 316 3
	7	0.135 011 020 010 254 3	10	0	0.026 670 057 900 547 3
	8	0.017 369 301 001 809 0		1	0.188 176 800 077 634 7
	9	−0.044 088 253 930 797 1		2	0.527 201 188 931 575 7
	10	0.013 981 027 917 400 1		3	0.688 459 039 453 136 3
	11	0.008 746 094 047 406 5		4	0.281 172 343 660 571 5
	12	−0.004 870 352 993 452 0		5	−0.249 846 424 327 159 8
	13	−0.000 391 740 373 377 0		6	−0.195 946 274 377 286 2
	14	0.000 675 449 106 450 6		7	0.127 369 340 335 754 1
	15	−0.000 117 476 784 124 8		8	0.093 057 364 603 554 7
9	0	0.038 077 947 363 877 8		9	−0.071 394 147 166 350 1
	1	0.243 834 674 612 585 8		10	−0.029 457 536 821 839 9
	2	0.604 823 123 690 095 5		11	0.033 212 674 059 361 2
	3	0.657 288 078 051 273 6		12	0.003 606 553 566 987 0
	4	0.133 197 385 824 900 3		13	−0.010 733 175 483 300 7
	5	−0.293 273 783 279 166 3		14	0.001 395 351 747 068 8
	6	−0.096 840 783 222 949 2		15	0.001 992 105 295 192 5
	7	0.148 540 749 338 125 6		16	−0.000 685 856 694 956 4
	8	0.030 725 681 479 338 5		17	−0.000 116 466 855 128 5
	9	−0.067 632 829 061 327 9		18	0.000 093 588 670 320 2
	10	0.000 250 947 114 834 0		19	−0.000 013 264 202 894 5

Daubechies 证明了 φ_N、ψ_N 无解析表达式。φ_N、ψ_N 在 $N=2$，3，5，7，9 时的形状见图 4.2。注意：这些函数没有对称性。

若 $R\neq 0$，尺度滤波器的构造方法可归纳为如下步骤：

(1) 取 $N\geqslant 2$。

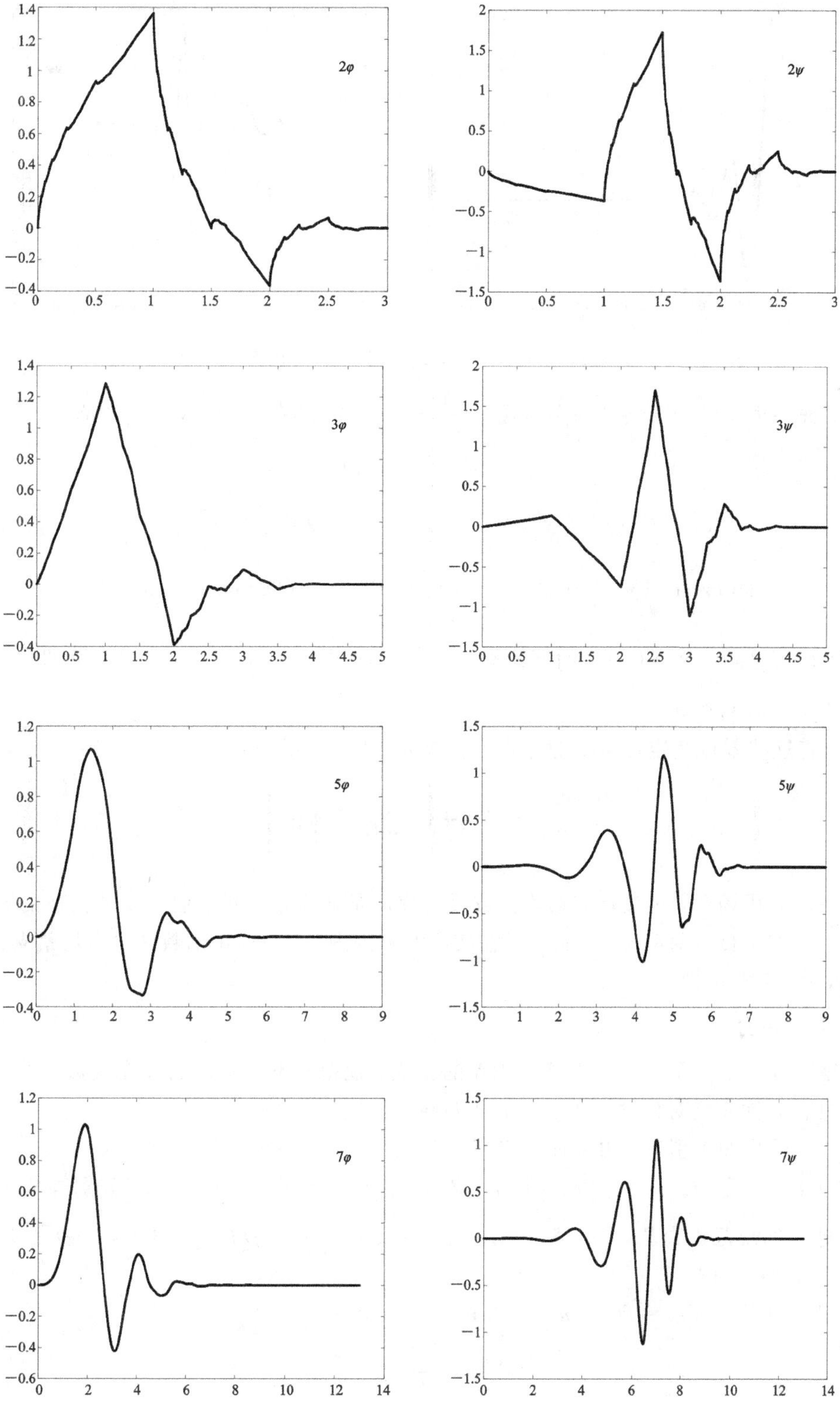

2φ
2ψ
3φ
3ψ
5φ
5ψ
7φ
7ψ

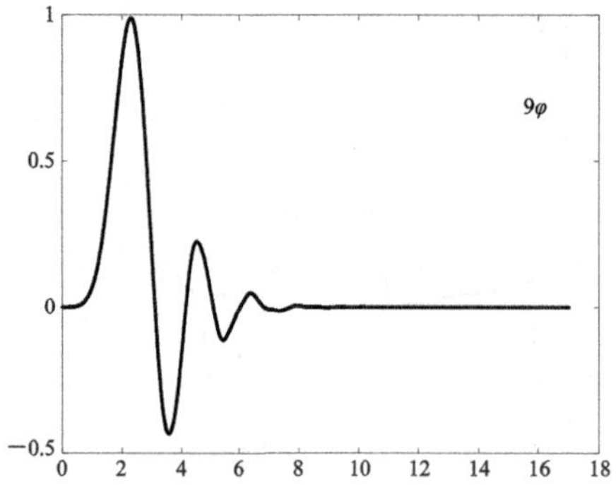

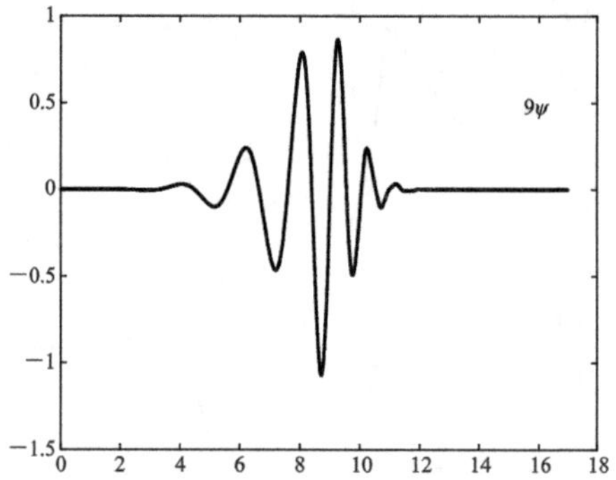

图 4.2　$N=2, 3, 5, 7, 9$ 时 φ_N、ψ_N 的图形

(2) 选一个满足如下条件的多项式 $R\left(\frac{1}{2}-y\right)$，令 $R\left(\frac{1}{2}-y\right)=s(y)$，则有

$$s(y)=-s(-y)$$

$$P_N(y)+y^N R\left(\frac{1}{2}-y\right)\geqslant 0,\quad y\in[0, 1]$$

$$\sup_{y\in[0,1]}\left[P_N(y)+y^N R\left(\frac{1}{2}-y\right)\right]<2^{2(N-1)}\quad \text{(Daubechies 条件)}$$

(3) 在 $P_N(y)+y^N R\left(\frac{1}{2}-y\right)$ 的复零点中从每四个 $(z_j, \bar{z}_j, z_j^{-1}, \bar{z}_j^{-1})$ 中选两个，从每对实零点 (r_k, r_k^{-1}) 中选一个。

(4) 将这些零点按定理 4.2 的方式组合成 $m_\varphi(\xi)$，并得证 $m_\varphi(0)=1$。

4.4 对　称　性

在许多应用场合，小波具有对称性或反对称性是非常重要的。但 4.3 节构造的紧支规范正交小波都不具有对称性。实际上，在实小波范围内只有 Haar 函数同时满足紧支、规范正交和对称/反对称性。

1. 对称性分析

定理 4.5　设 φ、ψ 分别是某个 MRA 的紧支、规范正交、实值的尺度函数与小波，如果 ψ 还具有对称或反对称轴，则 ψ 一定是 Haar 函数。

下面先给出两个引理，再来证明定理 4.5。

引理 4.4　设 $\{f_n(x)=f(x-n), n\in\mathbf{Z}\}$，$\{g_n(x)=g(x-n), n\in\mathbf{Z}\}$ 分别构成 $L^2(\mathbf{R})$ 中子空间 E 的规范正交基，则 f 和 g 有如下关系：$\hat{g}(\xi)=a(\xi)\hat{f}(\xi)$。其中，$a(\xi)$ 是 2π 周期函数，且 $|a(\xi)|=1$。

证明　由于 $\{f_n(x)=f(x-n)\}$ 是 E 的规范正交基，$g(x)\in E$，因此

$$g(x)=\sum_n \alpha_n f_n(x)\tag{4.15}$$

其中，$\alpha_n=\langle g(x), f_n(x)\rangle$，且 $\sum_n|\alpha_n|^2=\|g(x)\|^2=1$。

对式(4.15)作傅里叶变换，得

$$\hat{g}(\xi)=\alpha(\xi)\hat{f}(\xi)$$

其中，$\alpha(\xi)=\sum_{n}\alpha_n e^{-in\xi}$ 是 2π 周期函数。

再由 $f(x)$ 和 $g(x)$ 的整数平移规范正交性，有

$$\sum_{m}|\hat{f}(\xi+2\pi m)|^2=\frac{1}{2\pi},\quad \text{a. e.}$$

和

$$\sum_{m}|\hat{g}(\xi+2\pi m)|^2=\frac{1}{2\pi},\quad \text{a. e.}$$

从而

$$\begin{aligned}\frac{1}{2\pi}&=\sum_{m\in\mathbf{Z}}|\hat{g}(\xi+2\pi m)|^2=\sum_{m\in\mathbf{Z}}|\alpha(\xi+2\pi m)|^2|\hat{f}(\xi+2\pi m)|^2\\&=|\alpha(\xi)|^2\sum_{m\in\mathbf{Z}}|\hat{f}(\xi+2\pi m)|^2=\frac{1}{2\pi}|\alpha(\xi)|^2\end{aligned}$$

因此 $|\alpha(\xi)|=1$。

引理 4.5　设 $\{\alpha_n\}_{n\in\mathbf{Z}}$ 是一个有限序列(有限个 $\alpha_n\neq0$)，又设 $|\alpha(\xi)|=|\sum_{n}\alpha_n e^{-in\xi}|=1$，则对任意给定的 $n_0\in\mathbf{Z}$，有 $\alpha_n=\alpha\delta_{n,n_0}$。

证明　由假设得

$$\begin{aligned}1&=|\alpha(\xi)|^2=\langle\sum_{m}\alpha_m e^{-im\xi},\sum_{n}\alpha_n e^{-in\xi}\rangle=\sum_{m}\sum_{n}\alpha_m\bar{\alpha}_n e^{-i(m-n)\xi}\\&=\sum_{l}\sum_{n}\alpha_{n+l}\bar{\alpha}_n e^{-il\xi}\Leftrightarrow\sum_{n}\alpha_n\bar{\alpha}_{n+l}=\delta_{l,0},\quad\forall l\end{aligned}$$

又 $\{\alpha_n\}$ 是有限序列，所以存在 n_1 和 n_2，使得 $\alpha_{n_1}\neq0$，$\alpha_{n_2}\neq0$，且当 $n<n_1$ 或 $n>n_2$ 时，$\alpha_n=0$，即 $\{\alpha_n\}$ 的有限长度为 $n_1\leqslant n\leqslant n_2$。取 $l=n_2-n_1$，则

$$\sum\alpha_n\bar{\alpha}_{n+n_2-n_1}=\delta_{n_2-n_1,0}$$

由 n_1 和 n_2 的定义知，上式左端只有一项 $\alpha_{n_1}\bar{\alpha}_{n_2}\neq0$，即有 $0\neq\alpha_{n_1}\bar{\alpha}_{n_2}=\delta_{n_2-n_1,0}$，又 $\alpha_{n_1}\neq0$，$\alpha_{n_2}\neq0$，因此只有当 $n_1=n_2$ 时上式成立，从而 $\{\alpha_n\}$ 只有一项非0，因此 $\alpha_n=\alpha\delta_{n,n_0}$，其中 $|\alpha|=1$。

推论 4.1　若 $f(x)$ 和 $g(x)$ 都是紧支函数，$\{f_n(x)=f(x-n),n\in\mathbf{Z}\}$，$\{g_n(x)=g(x-n),n\in\mathbf{Z}\}$ 分别构成 $L^2(\mathbf{R})$ 中子空间 E 的规范正交基，则必有 $g(x)=\alpha f(x-n_0)$，其中 $\alpha\in\mathbf{C}$(复数集)，$|\alpha|=1$，$n_0\in\mathbf{Z}$。

证明　由引理 4.4 知，$\hat{g}(\xi)=\alpha(\xi)\hat{f}(\xi)$，$\alpha(\xi)=\sum_{n}\alpha_n e^{-in\xi}$，$\alpha_n=\int g(x)\overline{f(x-n)}\mathrm{d}x$，$|\alpha(\xi)|=1$。又 $f(x)$ 和 $g(x)$ 都是紧支函数，$\{\alpha_n\}_{n\in\mathbf{Z}}$ 是一个有限序列，由引理 4.5 知，$\alpha(\xi)=\alpha e^{-in_0\xi}$，从而 $g(x)=\alpha f(x-n_0)$，$|\alpha|=1$，$n_0\in\mathbf{Z}$。

特别地，若 $\varphi_1(x)$ 和 $\varphi_2(x)$ 是同一个多分辨分析的不同的规范正交尺度函数，且都紧支撑，则 $\varphi_2(x)$ 一定是 $\varphi_1(x)$ 的整数平移。这时的规范正交性除了通常的意义外，还包括 $\int\varphi_1(x)\mathrm{d}x=\int\varphi_2(x)\mathrm{d}x=1$，因此，推论 4.1 中的常数 α 只能是 1。

现在给出定理 4.5 的证明。

证明　平移 $\varphi(x)$ 使 $\mathrm{supp}\varphi=[0,N]$，则 N 一定是奇数。因为如果 N 是偶数(设

$N=2n_0$)，则由$\{\varphi(x-k), k\in\mathbf{Z}\}$的规范正交性知

$$|m_\varphi(\xi)|^2+|m_\varphi(\xi+\pi)|^2=1$$

这等价于

$$\sum_n h_n\bar{h}_{n+2k}=\delta_{k,0}$$

由于φ是实的，因此h_n也是实的，故

$$\sum_n h_n h_{n+2k}=\delta_{k,0}$$

取$k=n_0$，则会出现矛盾，因为这时应有$h_n=0$，对$n<0$和$n>N$成立。因此N是奇数，故$l=\dfrac{N-1}{2}\in\mathbf{Z}$。

由小波函数ψ的构造知$\mathrm{supp}\psi=[-l, l+1]$，这样$\psi$的对称轴只能出现在$x=\dfrac{1}{2}$处，因此，有$\psi(1-x)=\psi(x)$或者$\psi(1-x)=-\psi(x)$。由此可以推出

$$\psi_{j,k}(-x)=\pm 2^{+j/2}\psi(2^{+j}x+k+1)=\pm\psi_{j,-(k+1)}(x)$$

这意味着在x变为$-x$时，空间W_j是不变的(因为$V_j=\overline{\bigoplus_{k<j}W_k}$，所以$V_j$也有这种不变性)。

定义$\tilde{\varphi}(x)=\varphi(N-x)$，那么$\tilde{\varphi}(x-n)$产生$V_0$的一组规范正交基，则$\int_{\mathbf{R}}\tilde{\varphi}(x)\mathrm{d}x=\int_{\mathbf{R}}\varphi(x)\mathrm{d}x=1$，$\mathrm{supp}\tilde{\varphi}=\mathrm{supp}\varphi$，由推论4.1知$\tilde{\varphi}=\varphi$。因此

$$\begin{aligned}h_n&=\sqrt{2}\int_{\mathbf{R}}\varphi(x)\varphi(2x-n)\mathrm{d}x=\sqrt{2}\int_{\mathbf{R}}\varphi(N-x)\varphi(N-2x+n)\mathrm{d}x\\&=\sqrt{2}\int_{\mathbf{R}}\varphi(y)\varphi(2y-N+n)\mathrm{d}y=h_{N-n}=h_{2l+1-n}\end{aligned}\tag{4.16}$$

又

$$\begin{aligned}\delta_{k,0}&=\sum_n h_n h_{n+2k}=\sum_m h_{2m}h_{2m+2k}+\sum_m h_{2m+1}h_{2m+2k+1}\\&=\sum_m h_{2m}h_{2m+2k}+\sum_m h_{2l-2m}h_{2l-2m-2k}=2\sum_m h_{2m}h_{2m+2k}\end{aligned}$$

由引理4.5知，上式隐含着$h_{2m}=\alpha\delta_{m,m_0}$，对某个$m_0\in\mathbf{Z}$和$|\alpha|=2^{-1/2}$成立，因为假定了$h_0\neq 0$，这意味着$h_{2m}=\alpha\delta_{m,0}$。由式(4.16)知

$$h_N=h_0=\alpha,\quad h_{2m+1}=\alpha\delta_{m,l}$$

规范化要求$\sum h_n=\sqrt{2}$，则α只能为$\dfrac{1}{\sqrt{2}}$。

现在我们有

$$h_{2m}=\frac{1}{\sqrt{2}}\delta_{m,0},\quad h_{2m+1}=\frac{1}{\sqrt{2}}\delta_{m,l}$$

或者写成$m_\varphi(\xi)=\dfrac{1}{2}(1+\mathrm{e}^{-\mathrm{i}N\xi})$，因此

$$\hat{\varphi}(\xi)=\frac{1}{\sqrt{2\pi}}\cdot\frac{1-\mathrm{e}^{-\mathrm{i}N\xi}}{\mathrm{i}N\xi}$$

或

$$\varphi(x)=\begin{cases}N^{-1}, & 0\leqslant x\leqslant N\\ 0, & x\ \text{为其他点}\end{cases}$$

若 $N=1$，则给出 Haar 基；若 $N>1$，则 $\varphi(x-N)$不是规范正交的，这和假设矛盾。

2. 近似对称性

定理 4.5 表明，不可能构造出实值的、紧支的、规范正交的、具有对称性或反对称性的小波。但在定理 4.4 给出的由 $M(\xi)=|m(\xi)|^2$ 求 $m(\xi)$的方法中，当零点选择方式不同时，会得到不同的 $m(\xi)$。利用这一点，可以不像 4.3 节那样选择单位圆内的零点，而是有目的地选择，使得产生的尺度函数和小波函数“尽可能地对称”。为此，先来分析线性相位与对称的关系。

定义 4.1　设函数 $f\in L^2(\mathbf{R})$，若 $\hat{f}(\omega)=\pm|\hat{f}(\xi)|\mathrm{e}^{-\mathrm{i}a\xi}$，其中 a 是一个实常数，则称 f 具有线性相位；若 $\hat{f}(\xi)=F(\xi)\mathrm{e}^{-\mathrm{i}(a\xi+b)}$，其中 $F(\xi)$是一个实值函数，a、b 是实常数，则称 f 具有广义线性相位，a 称为其相位。

定义 4.2　设序列$\{a_n\}\in l^1$，$A(\mathrm{e}^{-\mathrm{i}\xi})$是其 Fourier 级数，若 $A(\mathrm{e}^{-\mathrm{i}\xi})=\pm|A(\mathrm{e}^{-\mathrm{i}\xi})|\mathrm{e}^{-\mathrm{i}n_0\xi}$，$\xi\in\mathbf{R}$，其中 $n_0\in\frac{1}{2}\mathbf{Z}$，$\pm$与 ξ 无关，则称$\{a_n\}$具有线性相位；若 $A(\mathrm{e}^{-\mathrm{i}\xi})=F(\xi)\mathrm{e}^{-\mathrm{i}(n_0\xi+b)}$，$\xi\in\mathbf{R}$，其中 $F(\xi)$是一个实值函数，$n_0\in\frac{1}{2}\mathbf{Z}$，$b\in\mathbf{R}$，称$\{a_n\}$具有广义线性相位，$n_0$ 称为$\{a_n\}$的相位。

下面分析具有广义线性相位的函数与序列的对称性。

定理 4.6　(1) 函数 $f\in L^2(\mathbf{R})$具有广义线性相位当且仅当 $\mathrm{e}^{\mathrm{i}b}f(x)$在

$$\mathrm{e}^{\mathrm{i}b}f(a+x)=\overline{\mathrm{e}^{\mathrm{i}b}f(a-x)},\quad x\in\mathbf{R}$$

意义下是关于 a 斜对称的，其中 a、b 是实常数。

(2) 序列$\{a_n\}\in l^1$ 具有广义线性相位当且仅当$\{\mathrm{e}^{\mathrm{i}b}a_n\}$在

$$\mathrm{e}^{\mathrm{i}b}a_n=\overline{\mathrm{e}^{\mathrm{i}b}a_{2n_0-n}},\quad n\in\mathbf{Z}$$

意义下是关于 n_0 斜对称的，其中 $n_0\in\frac{1}{2}\mathbf{Z}$，$b\in\mathbf{R}$。

证明　仅证明(1)，(2)的证明类似。

设 $f(x)\in L^2(\mathbf{R})$，$\hat{f}(\xi)=F(\xi)\mathrm{e}^{-\mathrm{i}(a\xi+b)}$，则

$$f(x)=\frac{1}{\sqrt{2\pi}}\int_{\mathbf{R}}F(\xi)\mathrm{e}^{-\mathrm{i}(a\xi+b)}\mathrm{e}^{\mathrm{i}x\xi}\mathrm{d}x$$

从而

$$\mathrm{e}^{\mathrm{i}b}f(a-x)=\frac{1}{\sqrt{2\pi}}\int F(\xi)\mathrm{e}^{-\mathrm{i}(a\xi+b)}\mathrm{e}^{\mathrm{i}b}\mathrm{e}^{\mathrm{i}(a-x)\xi}\mathrm{d}\xi=\frac{1}{\sqrt{2\pi}}\int F(\xi)\mathrm{e}^{-\mathrm{i}x\xi}\mathrm{d}\xi$$

$$\mathrm{e}^{\mathrm{i}b}f(a+x)=\frac{1}{\sqrt{2\pi}}\int F(\xi)\mathrm{e}^{-\mathrm{i}(a\xi+b)}\mathrm{e}^{\mathrm{i}b}\mathrm{e}^{\mathrm{i}(a+x)\xi}\mathrm{d}\xi=\frac{1}{\sqrt{2\pi}}\int F(\xi)\mathrm{e}^{\mathrm{i}x\xi}\mathrm{d}\xi=\overline{\frac{1}{\sqrt{2\pi}}\int F(\xi)\mathrm{e}^{\mathrm{i}x\xi}\mathrm{d}\xi}$$

因此

$$\mathrm{e}^{\mathrm{i}b}f(a+x)=\overline{\mathrm{e}^{\mathrm{i}b}f(a-x)}$$

反过来，若 $\mathrm{e}^{\mathrm{i}b}f(a+x)=\overline{\mathrm{e}^{\mathrm{i}b}f(a-x)}$，经傅里叶变换，得

$$e^{ib}\hat{f}(\xi)e^{ia\xi} = e^{-ib}\int_{\mathbf{R}}\overline{f(a-x)}e^{-ix\xi}dx = e^{-ib}\int_{\mathbf{R}}\overline{f(a-x)e^{ix\xi}}dx = \overline{e^{ib}\hat{f}(\xi)e^{ia\xi}}$$

因此 $e^{ib}\hat{f}(\xi)e^{ia\xi}$是实的，令

$$F(\xi) = e^{ib}\hat{f}(\xi)e^{ia\xi}$$

则

$$\hat{f}(\xi) = F(\xi)e^{-ib}e^{-ia\xi} = F(\xi)e^{-i(a\xi+b)}$$

即 f 具有广义线性相位。

定理 4.7　(1) 实函数 $f\in L^2(\mathbf{R})$具有广义线性相位当且仅当它是对称或反对称的；

(2) 实序列$\{a_n\}\in l^1$ 具有广义线性相位当且仅当$\{a_n\}$是对称或反对称的；

我们不可能构造出实值的紧支规范正交小波，同时要求它具有广义线性相位。但在构造 $m(\xi)$时，通过选择不同的根(共有$\lfloor N/2\rfloor$种选择)可以使得 $m(\xi)$尽可能接近线性相位，这样的小波函数尽可能接近对称或反对称。

表 4.2 给出了 $N=4\sim10$ 时 $c_n=\sqrt{2}h_n$ 的值。图 4.3 给出了当 $N=4$，6，8，10 时最接近对称的尺度函数 φ 和小波函数 ψ。

表 4.2　当 $N=4\sim10$ 时 $c_n=\sqrt{2}h_n$ 的值

N	n	c_n	N	n	c_n
			6	0	0.021 784 700 327
				1	0.004 936 612 372
4	0	−0.107 148 901 418		2	−0.166 863 215 412
	1	−0.041 910 965 125		3	−0.068 323 121 587
	2	0.703 739 068 656		4	0.694 457 972 958
	3	1.136 658 243 408		5	1.113 892 783 926
	4	0.421 234 534 204		6	0.477 904 371 333
	5	−0.140 317 624 179		7	−0.102 724 969 862
	6	−0.017 824 701 442		8	−0.029 783 751 299
	7	0.045 570 345 896		9	0.063 250 562 660
				10	0.002 499 922 093
				11	−0.011 031 867 509
			7	0	0.003 792 658 534
				1	−0.001 481 225 915
5	0	0.038 654 795 955		2	−0.017 870 431 651
	1	0.041 746 864 422		3	0.043 155 452 582
	2	−0.055 344 186 117		4	0.096 014 767 936
	3	0.281 990 696 854		5	−0.070 078 291 222
	4	1.023 052 966 894		6	0.024 665 659 489
	5	0.896 581 648 380		7	0.758 162 601 964
	6	0.023 478 923 136		8	1.085 782 709 814
	7	−0.247 951 362 613		9	0.408 183 939 725
	8	−0.029 842 499 869		10	−0.198 056 706 807
	9	0.027 632 152 958		11	−0.152 463 871 896
				12	0.005 671 342 686
				13	0.014 521 394 762

续表

N	n	c_n	N	n	c_n
8	0	0.002 672 793 393	9	11	−0.077 172 161 097
	1	−0.000 428 394 300		12	0.000 825 140 929
	2	−0.021 145 686 528		13	0.042 944 433 602
	3	0.005 386 388 754		14	−0.016 303 351 226
	4	0.069 490 465 911		15	−0.018 769 396 836
	5	−0.038 493 521 263		16	0.000 876 502 539
	6	−0.073 462 508 761		17	0.001 981 193 736
	7	0.515 398 670 374	10	0	0.001 089 170 447
	8	1.099 106 630 537		1	0.000 135 245 020
	9	0.680 745 347 190		2	−0.012 220 642 630
	10	−0.086 653 615 406		3	−0.002 072 363 923
	11	−0.202 648 655 286		4	0.064 950 924 579
	12	0.010 758 611 751		5	0.016 418 869 426
	13	0.044 823 623 042		6	−0.225 558 972 234
	14	−0.000 766 690 896		7	−0.100 240 215 031
	15	−0.004 783 458 512		8	0.667 071 338 154
9	0	0.001 512 487 309		9	1.088 251 530 500
	1	−0.000 669 141 509		10	0.542 813 011 213
	2	−0.014 515 578 553		11	−0.050 256 540 092
	3	0.012 528 896 242		12	−0.045 240 772 218
	4	0.087 791 251 554		13	0.070 703 567 550
	5	−0.025 786 445 930		14	0.008 152 815 799
	6	−0.270 893 783 503		15	−0.028 786 231 926
	7	0.049 882 830 959		16	−0.001 137 535 314
	8	0.893 048 407 349		17	0.006 495 728 375
	9	1.015 259 790 832		18	0.000 080 661 204
	10	0.337 658 923 602		19	−0.000 649 589 896

若取 $R\neq 0$，则可以有更多的选择使 φ、ψ 的对称性更好，但 φ、ψ 的支集有所增加。

如果要构造严格对称或反对称的尺度函数与小波，有两种方法：一种是放弃 φ 或 ψ 的正交性，构造双正交小波；另一种方法是构造多个小波函数代替一个小波函数，称为多重小波。

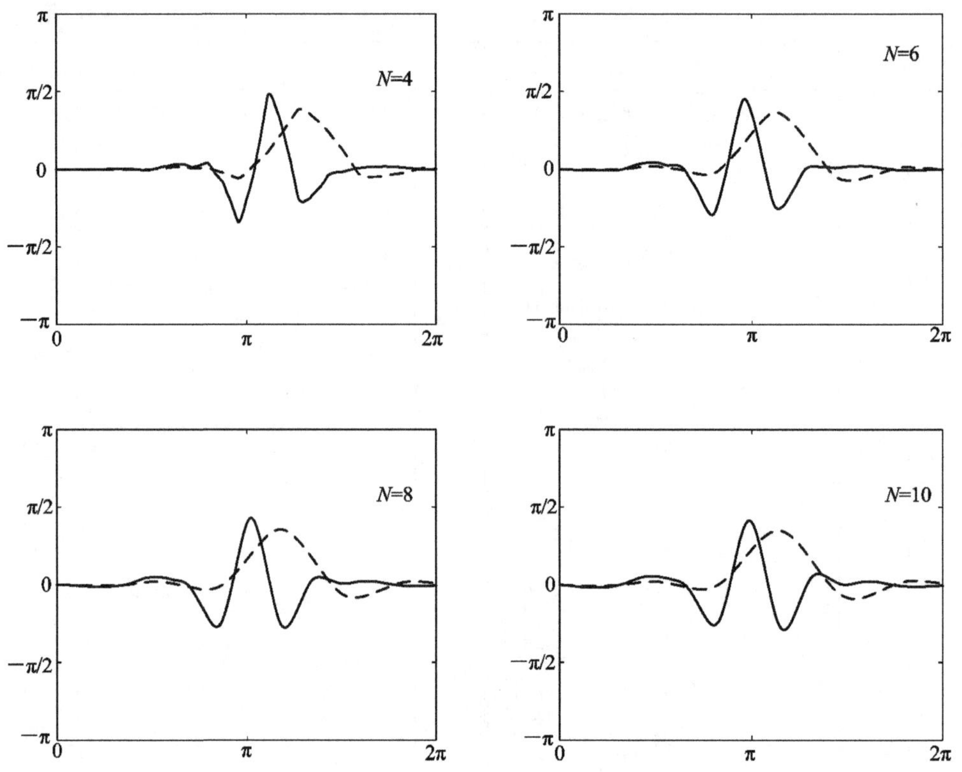

图 4.3　当 $N=4, 6, 8, 10$ 时近似对称的 φ 和 ψ 的图形(虚线为 φ，实线为 ψ)

4.5　紧支规范正交尺度函数与小波函数值的计算

用前面几节所述的方法构造的尺度函数 φ 与小波 ψ 具有很好的性质(光滑性、紧支性、规范正交性)，但它们没有解析表达式，它们的一切性质都取决于尺度滤波器。那么它们的图形是如何画出来的？它们的函数值如何计算？本节将讨论两种方法：迭代方法和特征向量法。

1. 迭代法

迭代法的出发点是基于尺度函数 φ 的紧支性，以及 $\int\varphi(x)\mathrm{d}x=1$，在此基础上，设 $\mathrm{supp}\varphi\subset[-\mathbf{R},\mathbf{R}]$，有下述定理成立。

定理 4.8

(1) 若 $f(x)$在 $\mathbf{R}$ 上连续，则 $\forall x\in\mathbf{R}$，有 $\lim\limits_{j\to\infty}2^j\int_{\mathbf{R}}f(x+y)\,\overline{\varphi(2^jy)}\mathrm{d}y=f(x)$(点态收敛)。

(2) 若 $f(x)$在 $\mathbf{R}$ 上一致连续，则上面的极限一致收敛。

(3) 若 $f(x)$在 $\mathbf{R}$ 上满足 α 阶 Hölder 连续，即 $|f(x)-f(y)|\leqslant c|x-y|^{\alpha}$，则上面的极限指数收敛，即 $\left|f(x)-2^j\int_{\mathbf{R}}f(x+y)\,\overline{\varphi(2^jy)}\mathrm{d}y\right|\leqslant c2^{-j\alpha}$。

证明

$$\begin{aligned}\left|f(x)-2^j\int_{\mathbf{R}}f(x+y)\overline{\varphi(2^jy)}\mathrm{d}y\right| &= \left|2^j\int_{\mathbf{R}}f(x)\overline{\varphi(2^jy)}\mathrm{d}y-2^j\int_{\mathbf{R}}f(x+y)\overline{\varphi(2^jy)}\mathrm{d}y\right| \\ &= \left|2^j\int_{\mathbf{R}}[f(x)-f(x+y)]\overline{\varphi(2^jy)}\mathrm{d}y\right| \\ &= \left|\int_{\mathbf{R}}[f(x)-f(x+2^{-j}z)]\overline{\varphi(z)}\mathrm{d}z\right| \\ &\leqslant \int_{\mathbf{R}}|[f(x)-f(x+2^{-j}z)]|\,|\overline{\varphi(z)}|\mathrm{d}z \\ &\leqslant \|\varphi\|_{L^1}\sup_{|u|\leqslant 2^{-jr}}|f(x)-f(x+u)|\end{aligned}$$

由 $f(x)$连续、一致连续，或 Hölder 连续可得结论(1)、(2)和(3)。

若 φ 是 α 阶 Hölder 连续，由定理 4.8 知：

$$\begin{aligned}\varphi(2^{-J}k) &= \lim_{j\to\infty}2^j\int_{\mathbf{R}}\varphi(2^{-J}k+y)\overline{\varphi(2^jy)}\mathrm{d}y \\ &\xlongequal{2^{-J}k+y=z}\lim_{j\to\infty}2^{j/2}\int_{\mathbf{R}}\varphi(z)\overline{2^{j/2}\varphi(2^jz-2^{j-J}k)}\mathrm{d}z \\ &= \lim_{j\to\infty}2^{j/2}\int_{\mathbf{R}}\varphi(z)\overline{\varphi_{j,\,2^{j-J}k}(z)}\mathrm{d}z \\ &= \lim_{j\to\infty}2^{j/2}\langle\varphi,\ \varphi_{j,\,2^{j-J}k}\rangle\end{aligned}$$

当 j 充分大时，有

$$|\varphi(2^{-J}k)-2^{j/2}\langle\varphi,\ \varphi_{j,\,2^{j-J}k}\rangle|\leqslant c2^{-j\alpha}$$

这说明，$\varphi(2^{-J}k)$可用 $\varphi(x)$在 V_j 中的尺度系数$\langle\varphi,\ \varphi_{j,\,2^{j-J}k}\rangle$的 $2^{j/2}$ 倍来近似，且当 $j\to\infty$ 时，这种近似是收敛的。

在上述收敛性的基础上，给出下面的迭代算法。

由于$\langle\varphi,\ \varphi_{0,\,n}\rangle=\delta_{0,\,n}$，即 φ 在 V_0 中的系数为$\{\delta_{0,\,n}\}$，又$\langle\varphi,\ \psi_{j,\,k}\rangle=0$，$j>0$，$k\in\mathbf{Z}$，$\psi_{j,\,k}\in W_j$，即 φ 在 $W_j(j>0)$中的小波系数为$\{0\}$，由 Mallat 重构算法知

$$\begin{cases}c_{j+1,\,k}=\sum\limits_l h_{k-2l}c_{j,\,l}+\sum\limits_l g_{k-2l}d_{j,\,l}\\ c_{0,\,l}=\delta_{0,\,l}\end{cases}$$

由上式算出所有的$\{c_{j,\,k}\}_{k\in\mathbf{Z}}$，即得 $\varphi(2^{-J}k)\approx2^{j/2}c_{j,\,2^{j-J}k}$，而且二者以指数精度逼近。但要注意，上述方法只能计算 φ 在二进有理点上的近似值，φ 在其他点的近似值可以利用分段线性插值来计算。

2. 特征向量法

以 $N=2$ 的 db2 为例，$\mathrm{supp}\varphi=[0,\ 3]$，双尺度方程设为

$$\varphi(x)=\sum_{k=0}^{3}c_k\varphi(2x-k)$$

先求 $\varphi(x)$在整数点的函数值。令 $x=1$，2，得

$$\begin{cases}\varphi(1)=c_1\varphi(1)+c_0\varphi(2)\\ \varphi(2)=c_3\varphi(1)+c_2\varphi(2)\end{cases}$$

或

$$\begin{pmatrix}\varphi(1)\\ \varphi(2)\end{pmatrix}=\begin{bmatrix}c_1 & c_0\\ c_3 & c_2\end{bmatrix}\begin{pmatrix}\varphi(1)\\ \varphi(2)\end{pmatrix}$$

求$\begin{pmatrix}\varphi(1)\\ \varphi(2)\end{pmatrix}$等价于求$\boldsymbol{A}=\begin{bmatrix}c_1 & c_0\\ c_3 & c_2\end{bmatrix}$对应于特征值 1 的特征向量，可以用任何计算特征向量的方法计算。

然后求 $\varphi(x)$在支撑内半整数节点的函数值。令

$$\boldsymbol{\gamma}(x)=\begin{bmatrix}\varphi(x)\\ \varphi(x+1)\\ \varphi(x+2)\end{bmatrix},\ \boldsymbol{A}=\begin{bmatrix}c_0 & 0 & 0\\ c_2 & c_1 & c_0\\ c_0 & c_3 & c_2\end{bmatrix},\ \boldsymbol{B}=\begin{bmatrix}c_1 & c_0 & 0\\ c_3 & c_2 & c_1\\ 0 & 0 & c_3\end{bmatrix}$$

则双尺度方程为

$$\boldsymbol{\gamma}(x)=\begin{cases}\boldsymbol{A\gamma}(2x), & 0\leqslant x\leqslant \dfrac{1}{2}\\ \boldsymbol{B\gamma}(2x-1), & \dfrac{1}{2}\leqslant x\leqslant 1\end{cases}$$

重复上式可得 $\boldsymbol{\gamma}(x)$在所有二进有理点上的值。

第5章 小 波 变 换

小波变换包括小波级数变换与连续小波变换。设 f 是一个一维连续时间信号，小波级数变换将 $f(x)$展成一个小波级数，而连续小波变换将 f 表示成一个二元函数的积分。本章5.1节介绍小波级数变换及其 Mallat 算法；5.2 节讨论 Mallat 算法的性质；5.3 节比较小波级数和 Fourier 级数；5.4 节讨论连续小波变换。

5.1 小波级数变换与 Mallat 算法

已知 MRA：$\{V_j\}_{j\in\mathbf{Z}}$，规范正交尺度函数 $\varphi(x)$，规范正交小波 $\psi(x)$，$L^2(\mathbf{R})$有如下塔式分解(其中 $J>J_1$)：

$$\begin{array}{ccccccccccccccc} L^2(\mathbf{R})\rightarrow\cdots\rightarrow V_J & \rightarrow & V_{J-1}\rightarrow\cdots\rightarrow V_1 & \rightarrow & V_0 & \rightarrow & V_{-1} & \rightarrow\cdots\rightarrow & V_{J_1} & \rightarrow\cdots \\ & \searrow\oplus & & \searrow\oplus & & \searrow\oplus & & \searrow\oplus & & \searrow\oplus\searrow \\ & W_{J-1} & & W_1 & & W_0 & & W_{-1} & & W_{J_1} \end{array}$$

同样，$\forall f(x)\in L^2(\mathbf{R})$，不妨设 $f(x)\in V_J$(J 充分大，$J>0$)，即

$$f(x)=\sum_k c_{J,k}\varphi_{J,k}(x)$$

$c_{J,k}=\langle f,\varphi_{J,k}\rangle$是初始尺度系数。

1. 小波分解

不妨假设将 $f(x)$分解到尺度 $j=0$ 为止，则有

$$\begin{array}{ccccccccc} f=P_Jf & \rightarrow & P_{J-1}f & \rightarrow\cdots\rightarrow & P_2f & \rightarrow & P_1f & \rightarrow & P_0f \\ & \searrow\oplus & & \searrow\oplus\cdots & & \searrow\oplus & & \searrow\oplus & \\ & Q_{J-1}f & & \cdots & & Q_1f & & Q_0f & \end{array}$$

$$\begin{aligned} f(x)&=P_0f(x)+\sum_{j=0}^{J-1}Q_jf(x)\\ &=\sum_{k\in\mathbf{Z}}\langle f(x),\varphi_{0,k}(x)\rangle\varphi_{0,k}(x)+\sum_{j=0}^{J-1}\sum_{k\in\mathbf{Z}}\langle f(x),\psi_{j,k}(x)\rangle\psi_{j,k}(x)\\ &=\sum_{k\in\mathbf{Z}}c_{0,k}\varphi_{0,k}(x)+\sum_{j=0}^{J-1}\sum_{k\in\mathbf{Z}}d_{j,k}\psi_{j,k}(x)\end{aligned}$$

上式称为 $f(x)$的小波级数。

从分解过程可以看出，分解的每一步需要计算尺度系数 $\boldsymbol{c}_j=(c_{j,k})$和小波系数 $\boldsymbol{d}_j=(d_{j,k})$。在推导计算这两组系数的公式之前，我们先回忆一下第 2 章定义的尺度滤波器$\{h_k\}$与小波滤波器$\{g_k\}$。

$$h_k=\langle\varphi(x),\sqrt{2}\varphi(2x-k)\rangle=\sqrt{2}\int\varphi(x)\varphi(2x-k)\mathrm{d}x$$

$$g_k = \langle \psi(x),\ \sqrt{2}\varphi(2x-k)\rangle = \sqrt{2}\int \psi(x)\varphi(2x-k)\,\mathrm{d}x$$

同理，有

$$\langle \varphi_{j,k}(x),\ \varphi_{j+1,l}(x)\rangle = h_{l-2k} \tag{5.1}$$

$$\langle \psi_{j,k}(x),\ \varphi_{j+1,l}(x)\rangle = g_{l-2k} \tag{5.2}$$

从而，尺度函数与小波函数的双尺度方程可推广为

$$\varphi_{j,k}(x) = \sum_l h_{l-2k}\varphi_{j+1,l}(x) \tag{5.3}$$

$$\psi_{j,k}(x) = \sum_l g_{l-2k}\varphi_{j+1,l}(x) \tag{5.4}$$

由此可得

$$\langle f,\ \varphi_{j,k}\rangle = \sum_l \overline{h}_{l-2k}\langle f,\ \varphi_{j+1,l}\rangle \tag{5.5}$$

$$\langle f,\ \psi_{j,k}\rangle = \sum_l \overline{g}_{l-2k}\langle f,\ \varphi_{j+1,l}\rangle \tag{5.6}$$

即

$$\begin{cases} c_{j,k} = \displaystyle\sum_l \overline{h}_{l-2k}c_{j+1,l} = \sum_l \overline{h}_l c_{j+1,l+2k} \\ d_{j,k} = \displaystyle\sum_l \overline{g}_{l-2k}c_{j+1,l} = \sum_l \overline{g}_l c_{j+1,l+2k} \end{cases} \tag{5.7}$$

式(5.7)给出了由高分辨尺度系数 $\boldsymbol{c}_{j+1}=(c_{j+1,k})$ 计算低分辨尺度系数 $\boldsymbol{c}_j=(c_{j,k})$ 和小波系数 $\boldsymbol{d}_j=(d_{j,k})$ 的公式。用这组公式逐层由高分辨尺度系数计算低分辨尺度系数和小波系数的过程称为小波分解的 Mallat 算法。整个分解过程如图 5.1 所示。

$$\begin{array}{ccccccccc} \boldsymbol{c}_J & \to & \boldsymbol{c}_{J-1} & \to \cdots & \boldsymbol{c}_2 & \to & \boldsymbol{c}_1 & \to & \boldsymbol{c}_0 \\ & \searrow & & \searrow \ \cdots & & \searrow & & \searrow & \\ & & \boldsymbol{d}_{J-1} & \cdots & & & \boldsymbol{d}_1 & & \boldsymbol{d}_0 \end{array}$$

图 5.1　Mallat 分解算法示意图

2. 小波重构

函数或信号 $f(x)$ 被分解到不同分辨层并进行分析处理后，在许多场合，需要将这些不同分辨层的函数再叠加起来，重新得到 $f(x)$ 在 V_J 中的表现形式，这一过程称为重构。显然，重构过程是分解过程的逆过程：

$$\begin{array}{ccccccccc} f=P_J f & \leftarrow & P_{J-1}f & \leftarrow \cdots & P_2 f & \leftarrow & P_1 f & \leftarrow & P_0 f \\ & \nwarrow\oplus & & \nwarrow\oplus \ \cdots & & \nwarrow\oplus & & \nwarrow\oplus & \\ & & Q_{J-1}f & \cdots & & & Q_1 f & & Q_0 f \end{array}$$

重构过程的关键是由低分辨尺度系数 $\boldsymbol{c}_j=(c_{j,k})$ 和小波系数 $\boldsymbol{d}_j=(d_{j,k})$ 计算高分辨尺度系数 $\boldsymbol{c}_{j+1}=(c_{j+1,k})$。由于 $V_{j+1}=V_j\oplus W_j$，因此

$$\varphi_{j+1,k} = \sum_l \alpha_l\varphi_{j,l}(x) + \sum_l \beta_l\psi_{j,l}(x) \tag{5.8}$$

其中：

$$\alpha_l = \langle \varphi_{j+1,k},\ \varphi_{j,l}\rangle = \overline{\langle \varphi_{j,l},\ \varphi_{j+1,k}\rangle} = \overline{h}_{k-2l} \tag{5.9}$$

同理，可得

$$\beta_l = \langle \varphi_{j+1,k},\ \psi_{j,l}\rangle = \overline{g}_{k-2l} \tag{5.10}$$

因此

$$\varphi_{j+1,k}=\sum_{l}\bar{h}_{k-2l}\varphi_{j,l}(x)+\sum_{l}\bar{g}_{k-2l}\psi_{j,l}(x) \tag{5.11}$$

从而

$$\langle f,\varphi_{j+1,k}\rangle=\sum_{l}h_{k-2l}\langle f,\varphi_{j,l}\rangle+\sum_{l}g_{k-2l}\langle f,\psi_{j,l}\rangle$$

即

$$c_{j+1,k}=\sum_{l}h_{k-2l}c_{j,l}+\sum_{l}g_{k-2l}d_{j,l} \tag{5.12}$$

式(5.12)给出了由低分辨尺度系数 $\boldsymbol{c}_j=(c_{j,k})$ 和小波系数 $\boldsymbol{d}_j=(d_{j,k})$ 计算高分辨尺度系数 $\boldsymbol{c}_{j+1}=(c_{j+1,k})$ 的公式。用此公式逐层重构直至得到 $\boldsymbol{c}_J=(c_{J,k})$ 的过程就称为小波重构的 Mallat 重构公式。整个重构过程如图 5.2 所示。

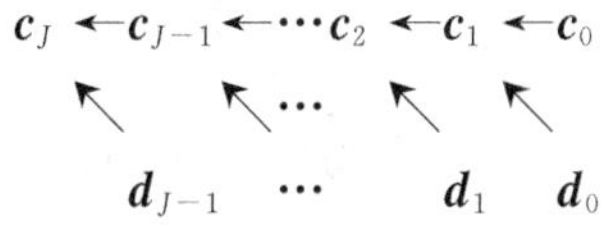

图 5.2 Mallat 重构算法示意图

由 $\boldsymbol{c}_J$ 到 $\boldsymbol{d}_{J-1}$, $\boldsymbol{d}_{J-2}$, …, $\boldsymbol{d}_0$, $\boldsymbol{c}_0$ 的变换过程称为离散小波变换(Discrete Wavelet Transform, DWT);反过来,由 $\boldsymbol{d}_{J-1}$, $\boldsymbol{d}_{J-2}$, …, $\boldsymbol{d}_0$, $\boldsymbol{c}_0$ 到 $\boldsymbol{c}_J$ 的变换过程称为逆离散小波变换(Inverse Discrete Wavelet Transform, IDWT)。

5.2 DWT 与 IDWT

本节讨论 DWT 与 IDWT 的实现、计算复杂度等问题。

1. 小波变换与滤波器组的关系

设已知 MRA: $\{V_j\}_{j\in \mathbf{Z}}$,规范正交尺度函数 $\varphi(x)$,规范正交小波 $\psi(x)$,以及相应的尺度滤波器 (h_k) 与小波滤波器 (g_k)。设 $\boldsymbol{a}=(a_k)\in l^2$ 是一个序列,定义卷积算子 $H:(a_k)\to((Ha)_k)$ 和 $G:(a_k)\to((Ga)_k)$ 如下:

$$\begin{cases}(Ha)_k \overset{\text{def}}{=} \sum_{n}\bar{h}_{n-k}a_n\\[2mm] (Ga)_k \overset{\text{def}}{=} \sum_{n}\bar{g}_{n-k}a_n\end{cases}$$

其共轭算子分别为

$$\begin{cases}(H^*a)_k \overset{\text{def}}{=} \sum_{n}h_{k-n}a_n\\[2mm] (G^*a)_k \overset{\text{def}}{=} \sum_{n}g_{k-n}a_n\end{cases}$$

定义下采样和上采样算子:

$$\downarrow 2:(a_k)\to(a_{2k})$$

$$\uparrow 2:(a_k)\to(a_l)=\begin{cases}a_k, & l=2k\\ 0, & l=2k+1\end{cases}$$

则小波分解与重构的 Mallat 算法可用如图 5.3 所示的滤波和采样来实现。

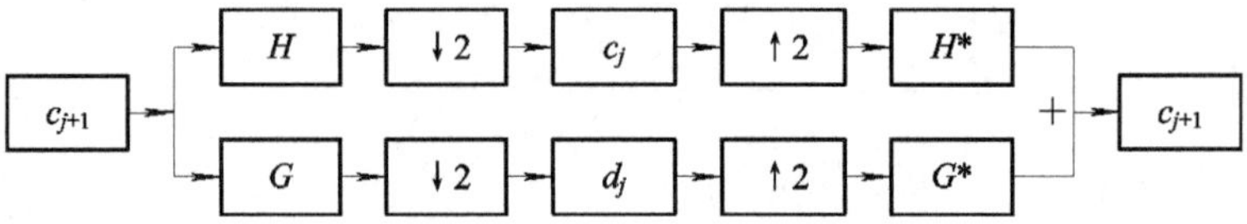

图 5.3　Mallat 算法的滤波实现框图

因为 $\sum\limits_n h_n=\sqrt{2}$，$\sum g_n=0$，所以 (h_k) 和 (g_k) 分别对应着低通滤波器和带通滤波器。这样，c_j 表示 c_{j+1} 的低频近似，d_j 则表示 c_{j+1} 的细节信号，即 c_{j+1} 与 c_j 的差别。

正是由于 DWT、IDWT 与滤波器组的密切关系，使得小波理论在信号处理领域得到了广泛应用；反过来，对滤波器组的研究进一步促进了小波理论的发展。

2. 运算量

为了方便起见，假设 c^J 是一个以 2^J 为周期的序列，因此有

$$c_{J-1,k}=c_{J-1,k+2^{J-1}}$$

$$d_{J-1,k}=d_{J-1,k+2^{J-1}}$$

即 c_{J-1} 和 d_{J-1} 以 2^{J-1} 为周期。一般地，c_j、d_j 以 2^j 为周期，因而只需要计算 2^j 个 c_j 和 d_j 中的元素就够了，这里 $0\leqslant j\leqslant J$。假定 (h_n) 和 (g_n) 只有 M 项不为 0，则在每个 $c_{j,k}$ 的计算中有 M 次乘法，$d_{j,k}$ 的计算量也是一样。在整个分解过程中需要计算的 $c_{j,k}$ 与 $d_{j,k}$ 的个数为

$$2(2^{J-1}+2^{J-2}+\cdots+1)<2^{J+1}$$

因此分解过程总的乘法次数为 $M\cdot 2^{J+1}=2\cdot M\cdot 2^J=2\cdot M\cdot N$，这里 $N=2^J$ 为 c_J 的长度。分解后需要储存的系数为 c_0，d_0，d_1，…，d_{J-1}，系数的个数为 $1+1+2+\cdots+2^{J-1}=2^J$，与输入值 c^J 的长度一样。

重建算法的运算量和储存长度与分解时一样。由此可见，Mallat 算法的运算量为 $O(N)$，优于快速 Fourier 变换的运算量 $O(N\log N)$。

下面通过一个简单的例子来比较 DWT 和 FFT。我们所用的是 Haar 尺度函数和 Haar 小波函数(见图 5.4)。为了简单起见，φ 和 ψ 并没有进行规范化，这并不影响计算量的比较。

假定输入的信号为 $\boldsymbol{y}=(9,1,2,0)^{\mathrm{T}}$，它是分段长函数 $f(x)$ 在 4 个 1/4 区间上的值；$\boldsymbol{y}$ 的小波系数 $\boldsymbol{b}=(3,2,4,1)^{\mathrm{T}}$。实际上，有

$$\begin{bmatrix}9\\1\\2\\0\end{bmatrix}=3\begin{bmatrix}1\\1\\1\\1\end{bmatrix}+2\begin{bmatrix}1\\1\\-1\\-1\end{bmatrix}+4\begin{bmatrix}1\\-1\\0\\0\end{bmatrix}+\begin{bmatrix}0\\0\\1\\-1\end{bmatrix}$$

或写成矩阵的形式：

$$\boldsymbol{y}=\boldsymbol{W}_4\boldsymbol{b},\quad\begin{bmatrix}9\\1\\2\\0\end{bmatrix}=\begin{bmatrix}1&1&1&0\\1&1&-1&0\\1&-1&0&1\\1&-1&0&-1\end{bmatrix}\begin{bmatrix}3\\2\\4\\1\end{bmatrix}$$

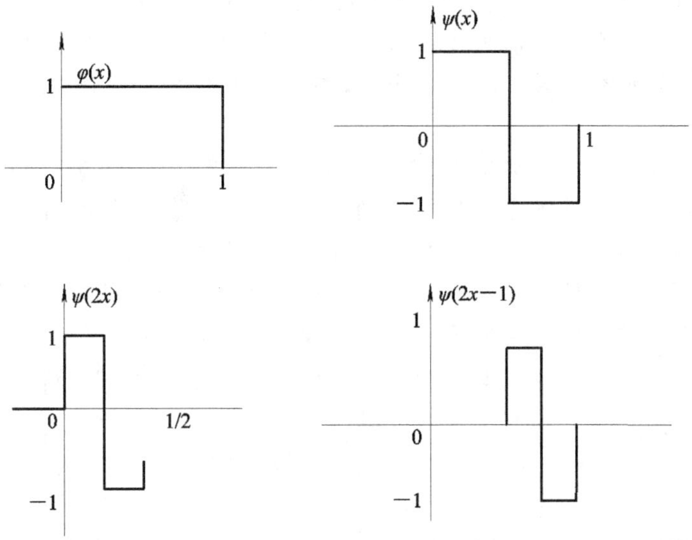

图 5.4 Harr 尺度函数与小波函数的图形

$\boldsymbol{W}_4$ 的各列是相互正交的，若乘上$1/\sqrt{n}$(这里 $n=4$)，则每一列都为规范正交的，这恰和离散 Fourier 变换(DFT)相似。

假定 $f(x)=\sum a_k \mathrm{e}^{ikx}$ 只有 4 项，则向量 $\boldsymbol{y}$ 包含着 f 在四个点处的值。具体地说，有

$$\boldsymbol{y}=\boldsymbol{F}_4\boldsymbol{a},\quad \begin{bmatrix} f(0\pi/2) \\ f(1\pi/2) \\ f(2\pi/2) \\ f(3\pi/2) \end{bmatrix}=\begin{bmatrix} 1 & 1 & 1 & 1 \\ 1 & i & i^i & i^3 \\ 1 & i^2 & i^4 & i^6 \\ 1 & i^3 & i^6 & i^9 \end{bmatrix}\begin{bmatrix} a_0 \\ a_1 \\ a_2 \\ a_3 \end{bmatrix}$$

$\boldsymbol{F}_4$ 的各列是互相正交的。对 $n\times n$ 的矩阵 $\boldsymbol{F}_n$ 而言，要用 $w=\mathrm{e}^{2\pi i/n}$ 来代替 $i=\mathrm{e}^{2\pi i/4}$，乘上 $1/\sqrt{n}$ 后各列成为规范正交的。

我们知道，对实的正交矩阵求逆需要进行转置，而对复的酉矩阵求逆，则需要对复共轭取转置。若矩阵的各列不是规范的，则还需要乘一个因子。通过计算可得 $\boldsymbol{W}_4^{-1}$ 和 $\boldsymbol{F}_4^{-1}$ 分别为

$$\boldsymbol{W}_4^{-1}=\frac{1}{4}\begin{bmatrix} 1 & 1 & 1 & 1 \\ 1 & 1 & -1 & -1 \\ 2 & -2 & 0 & 0 \\ 0 & 0 & 2 & -2 \end{bmatrix},\quad \boldsymbol{F}_4^{-1}=\frac{1}{4}\begin{bmatrix} 1 & 1 & 1 & 1 \\ 1 & (-i) & (-i)^2 & (-i)^3 \\ 1 & (-i)^2 & (-i)^4 & (-i)^6 \\ 0 & (-i)^3 & (-i)^6 & (-i)^9 \end{bmatrix}$$

重要之处在于逆矩阵和原来的矩阵具有完全相同的形式，这意味着如果能够很快地进行正变换，同样也能很快地把它逆回来。

Fourier 矩阵是满的，它没有 0 元素，这是由三角函数的性质决定的。因此，用 $\boldsymbol{F}_n$ 和向量 $\boldsymbol{a}$ 相乘，如果直接计算的话，则计算出 n 项 Fourier 级数 $\sum\limits_{k=0} a_k \mathrm{e}^{ikx}$ 在 n 个点 $2\pi j/n$ ($j=0$, 1, …, $n-1$)处的值需要 n^2 次乘法。小波矩阵是稀疏的，它有许多元素为 0，这是由小波函数的紧支撑性质决定的。从 $\boldsymbol{W}_4$ 中可以看出，第 3 列和第 4 列合起来后只有一列非零元素。

同样，对一般的 $W_n(n=2^l)$，第 3 列和第 4 列合起来只有一列非零元素，第 5 列、第 6 列、第 7 列与第 8 列合起来有一个非零元素，即在整个 W_n 中，非零元素的个数只有 $l+1$ 列，因此共有 $n(l+1)$ 个非零元素。这表明用 W_n 和向量 b 相乘，如果直接计算的话，需要 $n(\log n+1)$ 次算法。

上述矩阵与向量的乘积速度可以加快。对于 $F_n a$ 来说，这是由快速 Fourier 变换来实现的。将 Fourier 矩阵 F_n 进行简单的因式分解，则可以使运算量由 n^2 降为 $(n\log n)/2$。假设 $n=2^{10}$，则乘法次数由 1024×1024 降为 5×1024，大约快了 200 倍。我们知道，FFT 引起了信号处理领域的革命性发展，而所有的这些改变只是由于一种特殊的因式分解。这种因式分解是非常简单的，以 $n=4$ 时 F_4 为例，F_4 被分解成如下的形式：

$$F_4=\begin{bmatrix}1&0&1&0\\0&1&0&i\\1&0&-1&0\\0&1&0&-i\end{bmatrix}\begin{bmatrix}1&1&&\\1&i^2&&\\&&1&1\\&&1&i^2\end{bmatrix}\begin{bmatrix}1&0&0&0\\0&0&1&0\\0&1&0&0\\0&0&0&1\end{bmatrix}$$

上式最右端是一个排序矩阵，它的偶数下标对应着 a_0、a_2，排在奇数项 a_1、a_3 的前面；中间是两个 $F_2=\begin{bmatrix}1&1\\1&i^2\end{bmatrix}$ 构成的矩阵；最左边是 $\begin{bmatrix}I_2&D_2\\I_2&-D_2\end{bmatrix}$，$D_2=\begin{bmatrix}1&0\\0&i\end{bmatrix}$。对于一般的 n 和 F_n，也有上述形式。例如：

$$F_{1024}=\begin{bmatrix}I_{512}&D_{512}\\I_{512}&-D_{512}\end{bmatrix}\begin{bmatrix}F_{512}&\\&F_{512}\end{bmatrix}[\text{排序阵}] \tag{5.13}$$

重复应用式(5.13)，令 $F=F_{256}$，$D=D_{256}$，则

$$\begin{bmatrix}F_{512}&\\&F_{512}\end{bmatrix}=\begin{bmatrix}I&D&&\\I&-D&&\\&&I&D\\&&I&-D\end{bmatrix}\begin{bmatrix}F&&&\\&F&&\\&&F&\\&&&F\end{bmatrix}[\text{排序阵}] \tag{5.14}$$

式(5.13)中两个 D_{512} 需要进行 $n/2=512$ 次乘法。式(5.14)最左边有 4 个 $D=D_{256}$，也要进行 $n/2$ 次乘法。上述过程一共有 $l=10=\log n$ 层，故总的运算量为 $\frac{1}{2}nl$，为 $O(n\log n)$。

稀疏小波矩阵 W_n 也有一种整齐的分解，它将 W_n 分解成一些稀疏矩阵的乘积，其结果将计算量由 $O(n\log n)$ 降为 $O(n)$。实际上，如果令 $W_2=\begin{bmatrix}1&1\\1&-1\end{bmatrix}$，则

$$W_4=\begin{bmatrix}W_2&\\&W_2\end{bmatrix}\begin{bmatrix}1&0&0&0\\0&0&1&0\\0&1&0&0\\0&0&0&1\end{bmatrix}\begin{bmatrix}W_2&\\&I_2\end{bmatrix} \tag{5.15}$$

$$W_8=\begin{bmatrix}W_2&&&\\&W_2&&\\&&W_2&\\&&&W_2\end{bmatrix}[\text{排序阵}]\begin{bmatrix}W_4&\\&I_4\end{bmatrix} \tag{5.16}$$

因此，W_8 最左边需要进行 2^2 次 W_2 运算，W_4 最左边要进行 2^1 次 W_2 运算。一般地，

$\boldsymbol{W}_n(n=2^l)$要进行 $n/2=2^{l-1}$次运算，上述过程一共需要进行 l 层，故总的运算量为 $2^{l-1}+2^{l-2}+\cdots+2^2+2^1=2^l-1$，即 $n-1$ 次 $\boldsymbol{W}_2$ 运算，可写为 $O(n)$，在这个意义上，Mallat 算法有时候也被称为 FWT(快速离散小波变换)。

最后需要说明一下，因为有 $\boldsymbol{y}=\boldsymbol{W}_4\boldsymbol{b}$，所以有 $\boldsymbol{b}=\boldsymbol{W}_4^{-1}\boldsymbol{y}$ ，因此

$$\boldsymbol{W}_4^{-1}=\frac{1}{4}\begin{bmatrix}1&1&1&1\\1&1&-1&-1\\2&2&0&0\\0&0&2&-2\end{bmatrix}$$

被称为小波分解矩阵。类似地，$\boldsymbol{W}_8^{-1}$ 也有同样的形式。8 个行向量构成正交基，称为离散小波基，其表示为

$$\boldsymbol{W}_8^{-1}=\frac{1}{\sqrt{8}}\begin{bmatrix}1&1&1&1&1&1&1&1\\1&1&1&1&-1&-1&-1&-1\\\sqrt{2}&\sqrt{2}&-\sqrt{2}&-\sqrt{2}&&&&\\&&&&\sqrt{2}&\sqrt{2}&-\sqrt{2}&-\sqrt{2}\\2&-2&&&&&&\\&&2&-2&&&&\\&&&&2&-2&&\\&&&&&&2&-2\end{bmatrix}$$

基于这种形式的矩阵，B. Alpert 构造了一种准小波基和准小波分解矩阵，并成功地运用于求解积分方程。

3. 初始系数计算

由前述讨论可知，在整个 Mallat 算法计算过程中，只需要知道尺度滤波器(h_n)和小波滤波器(g_n)，而不必知道尺度函数 φ 和小波函数 ψ 的具体表示。

重要的问题是第一组尺度系数$\{c_{J,k}\}_{k\in\mathbf{Z}}$的计算。这通常依赖于 f 和 φ 的某些特性，当 φ 是紧支函数时，不妨设 $\text{supp}\varphi=[0, L]$，常用的算法有下述几种：

1) 直接取样法

当 $\varphi\in L_1(\mathbf{R})$时，设

$$\int_{\mathbf{R}}\varphi(x)\mathrm{d}x=1,\ |\hat{\varphi}(0)|=\frac{1}{\sqrt{2\pi}}$$

由此得

$$\begin{aligned}c_{J,k}&=\int_{-\infty}^{+\infty}f(x)\varphi_{J,k}(x)\mathrm{d}x=2^{J/2}\int_{\mathbf{R}}f(x)\varphi(2^Jx-k)\mathrm{d}x\\&=2^{-J/2}\int_{\mathbf{R}}f\left(\frac{x+k}{2^J}\right)\varphi(x)\mathrm{d}x=2^{-J/2}\int_0^L f\left(\frac{x+k}{2^J}\right)\varphi(x)\mathrm{d}x\\&\approx 2^{-J/2}\int_0^L f\left(\frac{k}{2^J}\right)\varphi(x)\mathrm{d}x\\&=2^{-J/2}f\left(\frac{k}{2^J}\right)\int_0^L\varphi(x)\mathrm{d}x=2^{-J/2}f\left(\frac{k}{2^J}\right)=\tilde{c}_{J,k}\end{aligned}$$

显然有

$$|c_{J,k}-\tilde{c}_{J,k}|\leqslant 2^{-J/2}\int_0^L\left|f\left(\frac{x+k}{2^J}\right)-f\left(\frac{k}{2^J}\right)\right|\varphi(x)\mathrm{d}x\leqslant 2^{-J/2}M_1$$

其中，$M_1=\max\limits_{x\in[0,L]}|f'(x)|$。

如果 φ 还满足 $\int_{\mathbf{R}}x^l\varphi(x)\mathrm{d}x=0$，$l=0\sim L$，则上述误差可以更小，满足这样附加条件的尺度函数称为 Coiflet 尺度函数。

2）数值积分方法

因为 $c_{J,k}=2^{-J/2}\int_0^L f\left(\frac{x+k}{2^J}\right)\varphi(x)\mathrm{d}x$，所以用积分公式将[0, L]作 2^N 等分并作 Riemann 和可得

$$\begin{aligned}c_{J,k}&=2^{-J/2}\int_0^L f\left(\frac{x+k}{2^J}\right)\varphi(x)\mathrm{d}x\\&\approx 2^{-J/2}\frac{1}{2^N}\sum_{n=0}^{2^N-1}f\left[\frac{\frac{nL}{2^N}+k}{2^J}\right]\varphi\left(\frac{nL}{2^N}\right)\\&=2^{-(J/2+N)}\sum_{n=0}^{2^N-1}f\left(\frac{nL+k-2^N}{2^{J+N}}\right)\varphi\left(\frac{nL}{2^N}\right)\end{aligned}$$

上式用到 φ 在二进有理点上的函数值，可用特征向量法计算。

由 $\varphi(x)=\sum\limits_{k=0}^{L}a_k\varphi(2x-k)$，$a_k=\sqrt{2}h_k$，取 $x=1, 2, \cdots, L-1$，得

$$\begin{aligned}&\varphi(1)=a_0\varphi(2)+a_1\varphi(1)\\&\varphi(2)=a_0\varphi(4)+a_1\varphi(3)+a_2\varphi(2)+a_3\varphi(1)\\&\quad\vdots\\&\varphi(L-1)=a_{L-1}\varphi(L-1)+a_L\varphi(L-2)\end{aligned}$$

记 $\boldsymbol{m}=[\varphi(1)\varphi(2)\cdots\varphi(L-1)]^{\mathrm{T}}$，则有 $\boldsymbol{m}=\boldsymbol{M}\boldsymbol{m}$，其中

$$\boldsymbol{M}=\begin{bmatrix}a_1 & a_0 & & & & \\ a_3 & a_2 & a_1 & a_0 & & \\ \vdots & \vdots & \vdots & \vdots & & \\ & & & & a_L & a_{L-1}\end{bmatrix}$$

从而求 $\boldsymbol{m}$ 的问题转化为求 $\boldsymbol{M}$ 的对应于特征值 1 的特征向量。求出 $\boldsymbol{m}$ 后，注意到 $\varphi(0)=\varphi(L)=0$，利用两尺度关系 $\varphi(x)=\sum\limits_{k=0}^{L}a_k\varphi(2x-k)$ 求出 $\varphi(1/2)$，$\varphi(3/2)$，…，$\varphi(2L-1/2)$。设已求出 $\varphi(n/2^k)$，则取 $x=\frac{n}{2^{k+1}}$ 得 $\varphi(n/2^{k+1})=\sum\limits_{l=0}^{L}a_l\varphi(n/2^k-k)$，利用此式一直进行到将 φ 在[0, L]内所需的二进制有理点 $\left\{\frac{nL}{2^N}\right\}_{n=0}^{2^N-1}$ 上的值算完为止。

3）带限函数法

设 $f(x)\in V_J$，我们的目的是计算 $\{c_{J,k}\}$ 使下式成立：$f(x)=\sum\limits_k c_{J,k}\varphi_{J,k}(x)$。

设 f 是带限的，$\mathrm{supp}\hat{f}\subset[-\Omega, \Omega]$，由 Shannon 采样定理知，在这样的假定下，有

$$f(x) = \sum_n f\left(n\frac{\pi}{\Omega}\right)\frac{\sin(\Omega x - n\pi)}{\Omega x - n\pi}$$

为简单起见，设 $\Omega = 2^N\pi$，则

$$f(x) = \sum_n f\left(\frac{n}{2^N}\right)\text{sinc}[\pi(2^N x - n)]$$

从而有

$$\begin{aligned} c_{J,k} &= \langle f, \varphi_{J,k}\rangle = \int f(x)2^{J/2}\varphi(2^J x - k)\mathrm{d}x \\ &= 2^{-J/2}\int_0^L f\left(\frac{x+k}{2^J}\right)\varphi(x)\mathrm{d}x \\ &= 2^{-J/2}\sum_n f\left(\frac{n}{2^N}\right)\int_0^L \text{sinc}\left[\pi\left(2^N\frac{x+k}{2^J} - n\right)\right]\varphi(x)\mathrm{d}x \\ &= 2^{-J/2}\sum_n f\left(\frac{n}{2^N}\right)\alpha_{n,k} \end{aligned}$$

其中：

$$\alpha_{n,k} = \int_0^L \text{sinc}\left[\pi\left(2^N\frac{x+k}{2^J} - n\right)\right]\varphi(x)\mathrm{d}x$$

与 $f(x)$ 无关。

特别当 $J=N$ 时，有

$$\alpha_{n,k} = \int_0^L \text{sinc}[\pi(x+k-n)]\varphi(x)\mathrm{d}x = \int_0^L \text{sinc}[\pi(x+m)]\varphi(x)\mathrm{d}x = \alpha_m$$

只与 $m=k-n$ 有关，可用数值方法预先求出。

4) 预滤波法

设 $f\in C^{N+1}$，f，$f^{(N)}\in L^2(\mathbf{R})$，$f^{(N+1)}(t)$ 有界，在 V_J 层对 $f(x)$ 采样，得 $\left\{f\left(\frac{k}{2^J}\right)\right\}$，取初始尺度系数近似为 $\tilde{c}_{J,k} = \sum_l 2^{-J/2}f\left(\frac{l}{2^J}\right)\varphi(l-k)$。若定义 $P_\varphi^J f = \sum_k \tilde{c}_{J,k}\varphi_{J,k}$ 为 f 的近似，用 $E_\varphi^J f = \| f - P_\varphi^J f \|_2$ 表示误差，则可以证明当 $f\in C^{N+1}$，f，$f^{(N)}\in L^2(\mathbf{R})$，$f^{(N+1)}(t)$ 有界时，有

$$E_\varphi^J f = \| f - P_\varphi^J f \|_2 = c2^{-JN}\| f^{(N)} \|_2 + O(2^{-J(N+1)})$$

因此该方法得到的 $\tilde{c}_{J,k}$ 比直接取样法得到的 $\tilde{c}_{J,k}$ 精度要高。

5.3 小波级数与 Fourier 级数

设 $f(x)$ 是一个周期为 T 的函数，在一定条件下可以把它写成

$$f(x) = A_0 + \sum_{n=1}^{\infty} A_n\sin(n\omega x + \varphi_n) = A_0 + \sum_{n=1}^{\infty}(a_n\cos n\omega x + b_n\sin n\omega x)$$

其中，$A_n\sin(n\omega x + \varphi_n) = a_n\cos n\omega x + b_n\sin n\omega x$，是一个 n 阶谐波，$\omega = 2\pi/T$。上式右端级数就是我们熟悉的傅里叶级数，它将 $f(x)$ 表示成了不同频率函数的叠加，这样可以分析 $f(x)$ 的不同频率成分。

与 Fourier 级数类似，小波级数：

$$f(x) = \sum_{0 \leqslant j < J} \sum_{k \in \mathbf{Z}} d_{jk} \psi_{j,k}(x) + \sum_{k \in \mathbf{Z}} c_{0,k} \varphi_{0,k}(x)$$

也将 $f(x)$ 分成了不同的频带的函数叠加，Fourier 级数和小波级数都用快速算法来计算系数值。由于 φ 和 ψ 是紧支撑的(或快速衰减的)，因此小波级数可以作"局部分析"；而 Fourier 级数由于三角函数系的全域支撑性，没有这样的能力。具体来说，小波具有以下优点：

1. 局部奇异性检测

假定 $f(x) = \dfrac{1}{|x|^{\alpha}}$，$0 < \alpha < 1$，显然 $f(x)$ 有奇异点 $x = 0$。假设采用 Meyer 小波(虽然 Meyer 小波不是紧支的，但它是多项式衰减的，仍能说明问题)，则小波系数 $d_{j,k}$ 为

$$d_{j,k} = \langle f, \psi_{j,k} \rangle = \int \frac{1}{|x|^{\alpha}} 2^{j/2} \psi(2^j x - k) \mathrm{d}x = 2^{j\alpha} 2^{-j/2} w_{\alpha}(k)$$

其中，$w_{\alpha}(k)$ 在无穷远处是速降的，即对任意的 N，$w_{\alpha}(k) = O(|k|^{-N})$，因此对任意的 $N \geqslant 1$，若 $[2^{-j}k, 2^{-j}(k+1)]$ 与 $[-\varepsilon, \varepsilon]$ 不相交，则有

$$d_{j,k} = 2^{j\alpha} 2^{-j/2} w_{\alpha}(k) = 2^{j\alpha} 2^{-j/2} O(|k|^{-N}) = O(2^{-j(N+1/2-\alpha)})$$

当 $j \to \infty$ 时，若 $|k|$ 充分大，使 $[2^{-j}k, 2^{-j}(k+1)]$ 与 $(-\varepsilon, \varepsilon)$ 不相交，则有 $d_{j,k} \to 0$。也就是说，j 充分大时，只要 $[2^{-j}k, 2^{-j}(k+1)]$ 离奇异点 $x = 0$ 足够远，小波系数就任意小。

相反地，考虑和 $\dfrac{1}{|x|^{\alpha}}$ 有相似性的周期函数 $f(x) = \dfrac{1}{|\sin x|^{\alpha}}$，其 Fourier 系数：

$$c_k = \langle |\sin x|^{-\alpha}, \mathrm{e}^{ikx} \rangle = \gamma(x) |k|^{-1+\alpha} + O(|k|^{-3+\alpha})$$

可见，在奇异点 $x = 0$ 处的奇异性指标 α 影响所有 Fourier 系数 $|c_k|$ 的大小。因此小波级数分析可使奇异性局部化，小波系数较大的地方表明函数的某种奇异性，而 Fourier 级数没有这种能力。

2. "满的"与"缺项的"

因为 Fourier 级数用于表示周期函数，所以为了公平地进行比较，首先要将小波基 $(\psi_{j,k}, k \in \mathbf{Z}, j \geqslant 0)$ 周期化。这里我们不讨论构造周期小波的方法，而只给出比较两种级数的结果："满的"小波级数(多数的系数非零)代表了十分异常的函数，而通常的函数的小波级数是"有洞的"或"缺项的"：相反，通常的函数的 Fourier 级数是"满的"，而"缺项的" Fourier 级数则代表了病态的函数。

3. 其他函数空间

与 Fourier 级数不同，小波级数除了能分析 $L^2(\mathbf{R})$ 中的函数，还能对其他函数空间进行分析。

在前面我们介绍了无条件基的概念。它的一个等价命题是：若从 $\sum_j \alpha_j \varphi_j \in B$ 可以推出 $\sum_j |\alpha_j| \varphi_j \in B$，则称 Banach 空间 B 中的基 $\{\varphi_j\}$ 为 B 的无条件基。换句话说，函数的性质被展开的系数模完全确定。因此显然有：若 $\sum_j \alpha_j \varphi_j \in B$，则 $\sum_j \pm \alpha_j \varphi_j \in B$。

$\{\mathrm{e}^{2\pi i n x}\}_{n \in \mathbf{Z}}$ 是 $L^2[0, 1]$ 的无条件基，但它不是任何 $L^p[0, 1]$ $(1 < p < \infty, p \neq 2)$ 的无条件基。Fourier 级数仅能分析 $L^2[0, 1]$ 空间。

而小波基已证明是大多数常用函数空间的无条件基，因此小波级数可用来分析以下函数空间：

$$L^p(\mathbf{R}): f \in L^p(\mathbf{R}) \Leftrightarrow \left(\int_{\mathbf{R}} |f|^p \mathrm{d}x\right)^{1/p} < \infty \Leftrightarrow \left[\sum_{j,k} |\langle f, \psi_{j,k}\rangle|^2 \, |\psi_{j,k}|^2\right]^{1/2} \in L^p(\mathbf{R})$$

Sobolev 空间($\subset L^2$)：

设 ψ 有 r 阶导数，$|s| \leqslant r$，则

$$\begin{aligned} f \in W^s(\mathbf{R}) &\Leftrightarrow \{f \mid f^{(i)} \in L^2(\mathbf{R}),\ i = 0 \sim s\}\text{（空域定义）} \\ &\Leftrightarrow \left\{f: \int_{\mathbf{R}} (1+|\xi|^2)^s \, |\hat{f}(\xi)|^2 \mathrm{d}\xi < \infty\right\}\text{（Fourier 域定义）} \\ &\Leftrightarrow \sum_{j,k} |\langle f, \psi_{j,k}\rangle|^2 (1+2^{2js}) < \infty\ \text{（小波域定义）} \end{aligned}$$

Hölder 空间：

$$C^s(\mathbf{R}) = \left\{f \in L^\infty(\mathbf{R}) \cap C^n(\mathbf{R}): \sup_{x,h} \frac{|f^{(n)}(x+h) - f^{(n)}(x)|}{h^\alpha} < \infty\right\},$$
$$s = n + \alpha,\ 0 < \alpha < 1$$

设 ψ 有 r 阶导($r>s$)，则

$$f \in C^s(\mathbf{R}) \Leftrightarrow |\langle f, \varphi(x-k)\rangle| \leqslant M,\ |\langle f, \psi_{j,k}\rangle| \leqslant M2^{-j(s+1/2)},\ j \geqslant 0,\ k \in \mathbf{Z}$$

这一节定性地将小波级数与 Fourier 级数进行了比较，小波级数具有独特的性质。为了更好地理解这些性质的本质，需要掌握连续小波变换(或称为积分小波积分变换)，这将在 5.4 节中讲述。

5.4　连续小波变换

与 Fourier 分析一样，小波变换也包括小波级数变换和连续小波变换两部分。在前几节所讲的小波变换中，利用 $V_J = W_{J-1} \oplus W_{J-2} \oplus \cdots$ 可得 $f(x) \in V_J$ 的一个完全小波级数的展开形式：

$$f(x) = \sum_{j<J} \sum_{k \in \mathbf{Z}} d_{j,k} \psi_{j,k} \tag{5.17}$$

$$d_{j,k} = \langle f, \psi_{j,k}\rangle = 2^{j/2} \int_{\mathbf{R}} f(x) \overline{\psi(2^j x - k)} \mathrm{d}x \tag{5.18}$$

式(5.17)和式(5.18)建立了 $L^2(\mathbf{R})$ 和 l^2 空间的一个对应关系：

$$f(x) \in L^2(\mathbf{R}) \leftrightarrows \{d_{j,k}\}_{j,k \in \mathbf{Z}} \in l^2 \tag{5.19}$$

具体来说，式(5.18)将 $f(x) \in L^2(\mathbf{R})$ 映射成了 l^2 中的 $\{d_{j,k}\}_{j,k\in\mathbf{Z}}$，而式(5.17)则由 $\{d_{j,k}\}_{j,k\in\mathbf{Z}}$ 重构了 $f(x)$。当 ψ 是规范正交小波，即 $\{\psi_{j,k}\}$ 构成规范正交基时，这种对应是一对一的。

1. 连续小波变换

显然，变换式(5.18)是下面变换的离散情形：

$$(w_\psi f)(a, b) = \int_{\mathbf{R}} |a|^{-1/2} f(x) \overline{\psi\left(\frac{x-b}{a}\right)} \mathrm{d}x \tag{5.20}$$

形如式(5.20)的变换称为连续小波变换。为了保证式(5.20)的逆存在，式(5.20)中的函数 $\psi \in L^2(\mathbf{R})$ 必须满足下列容许性条件：

$$c_{\psi}=2\pi\int_{\mathbf{R}}\frac{\hat{\psi}(\xi)}{|\xi|}\mathrm{d}\xi<\infty \tag{5.21}$$

这时 ψ 称为容许小波。为了区别起见，式(5.17)、式(5.18)中的小波函数 ψ 称为规范正交小波。

下面的定理表明，当容许性条件(5.21)成立时，连续小波变换的逆变换是存在的。

定理 5.1　设 ψ 是容许小波，$W_{\psi}f$ 定义如式(5.20)，则 $\forall f, g\in L^2(\mathbf{R})$，有

$$\iint_{\mathbf{R}^2}(W_{\psi}f)(a,b)\overline{(W_{\psi}g)(a,b)}\frac{\mathrm{d}a\mathrm{d}b}{a^2}=C_{\psi}\langle f,g\rangle$$

证明　因为

$$(W_{\psi}f)(a,b)=\langle f(x),\psi_{a,b}(x)\rangle=\langle\hat{f}(\xi),\hat{\psi}_{a,b}\rangle$$

$$\hat{\psi}_{a,b}=|a|^{1/2}\mathrm{e}^{-ib\xi}\hat{\psi}(a\xi)$$

所以由 Parseval 等式得

$$\begin{aligned}&\int_{\mathbf{R}}\int_{\mathbf{R}}(W_{\psi}f)(a,b)\overline{(W_{\psi}g)(a,b)}\frac{\mathrm{d}a\mathrm{d}b}{a^2}\\&=\int_{\mathbf{R}}\int_{\mathbf{R}}\left[\int_{\mathbf{R}}\hat{f}(\xi)|a|^{1/2}\mathrm{e}^{-ib\xi}\overline{\hat{\psi}(a\xi)}\mathrm{d}\xi\right]\overline{\left[\int_{\mathbf{R}}\hat{g}(\xi)|a|^{1/2}\mathrm{e}^{-ib\xi}\overline{\hat{\psi}(a\xi)}\mathrm{d}\xi\right]}\frac{\mathrm{d}a\mathrm{d}b}{a^2}\\&=\int_{\mathbf{R}}\int_{\mathbf{R}}\left[\int_{\mathbf{R}}\hat{f}(\xi)|a|^{1/2}\mathrm{e}^{-ib\xi}\overline{\hat{\psi}(a\xi)}\mathrm{d}\xi\right]\left[\int_{\mathbf{R}}\overline{\hat{g}(\xi)}|a|^{1/2}\mathrm{e}^{ib\xi}\hat{\psi}(a\xi)\mathrm{d}\xi\right]\frac{\mathrm{d}a\mathrm{d}b}{a^2}\end{aligned}$$

令 $F_a(\xi)=|a|^{1/2}\hat{f}(\xi)\overline{\hat{\psi}(a\xi)}$，$G_a(\xi)=|a|^{1/2}\hat{g}(\xi)\overline{\hat{\psi}(a\xi)}$，则上式中两个方括号内的积分可分别看成 $F_a(\xi)$的 Fourier 变换的 $\sqrt{2\pi}$ 倍和 $G_a(\xi)$的 Fourier 变换的共轭的 $\sqrt{2\pi}$ 倍，因此

$$\begin{aligned}\int_{\mathbf{R}}\int_{\mathbf{R}}(W_{\psi}f)(a,b)(W_{\psi,g})(a,b)\frac{\mathrm{d}a\mathrm{d}b}{a^2}&=2\pi\int_{\mathbf{R}}\left(\int_{\mathbf{R}}F_a(\xi)\overline{G_a(\xi)}\mathrm{d}\xi\right)\frac{\mathrm{d}a}{a^2}\\&=2\pi\int_{\mathbf{R}}\left(\int_{\mathbf{R}}\hat{f}(\xi)\overline{\hat{g}(\xi)}|\hat{\psi}(a\xi)|^2\mathrm{d}\xi\right)\frac{\mathrm{d}a}{|a|}\\&=2\pi\int\hat{f}(\xi)\overline{\hat{g}(\xi)}\mathrm{d}\xi\cdot\int|\hat{\psi}(a\xi)|^2\frac{\mathrm{d}a}{|a|}\\&=C_{\psi}(f,g)\end{aligned}$$

推论 5.1　$f=C_{\psi}^{-1}\int_{\mathbf{R}}\int_{\mathbf{R}}(W_{\psi}f)(a,b)\psi_{a,b}\frac{\mathrm{d}a}{a^2}\mathrm{d}b$ 在 $L^2(\mathbf{R})$ 意义下收敛，即

$$\left\|f-C_{\psi}^{-1}\iint_{\substack{A_1\leqslant|a|\leqslant A_2\\|b|\leqslant B}}(W_{\psi}f)(a,b)\psi_{a,b}\frac{\mathrm{d}a}{a^2}\mathrm{d}b\right\|_{L^2(\mathbf{R})}\to 0,\ A_1\to 0,\ A_2,\ B\to\infty$$

其中：

$$\psi_{a,b}(x)=|a|^{-1/2}\psi\left(\frac{x-b}{a}\right)$$

推论 5.2　$\forall f\in L^2(\mathbf{R})$和 f 的连续点，有

$$f(x)=\frac{1}{C_{\psi}}\iint_{\mathbf{R}^2}(W_{\psi}f)(a,b)\frac{\mathrm{d}a}{a^2}\mathrm{d}b$$

2. 正交小波与容许小波的关系

容许小波需要满足的“容许性”条件比规范正交小波要满足的条件弱得多。实际上，可

以证明规范正交小波一定满足容许性条件，因此规范正交小波一定是容许小波；反过来，容许小波却不一定是规范正交小波。

在实际应用中，常假设容许小波 $\psi \in L^1(\mathbf{R})$，这时 $\hat{\psi}$ 是连续的，式(5.21)成立的必要条件是 $\hat{\psi}(0)=0$ 或 $\int_{\mathbf{R}} \psi(x)\mathrm{d}x = 0$；反过来，如果 $\hat{\psi}(0) = 0$，只要对 ψ 再添加一点条件，例如 $\int_{\mathbf{R}}(1 + |x|^{\alpha})|\psi(x)|\mathrm{d}x < \infty$ 对某个 $\alpha > 0$ 成立，则 $|\hat{\psi}(0) = 0(\xi)| \leqslant c\ |\xi|^{\beta}$，$\beta = \min(\alpha,1)$，因此式(5.21) 成立。

引理 5.1 (正交小波与容许小波的关系)

(1) 正交小波必是容许小波；反之不然。

(2) $\psi \in L^1(\mathbf{R})$，$\int_{\mathbf{R}}\psi(x)\mathrm{d}x = 0$，$\int_{\mathbf{R}}(1+|x|)^{\alpha}|\psi(x)|\mathrm{d}x < \infty$，$\alpha > 0$，则 $\psi(x)$ 是容许小波。

【例 5.1】 Mexican - hat 小波是 Gauss 函数 $\mathrm{e}^{-x^2/2}$ 的二阶导数，经规范化使其 L_2 范数为 1，得 $\psi(x)=\frac{2}{\sqrt{3}}\pi^{-1/4}(1-x)^2\mathrm{e}^{-x^2/2}$。可验证它满足容许性条件，因此是一个容许小波，其形状如图 5.5 所示。

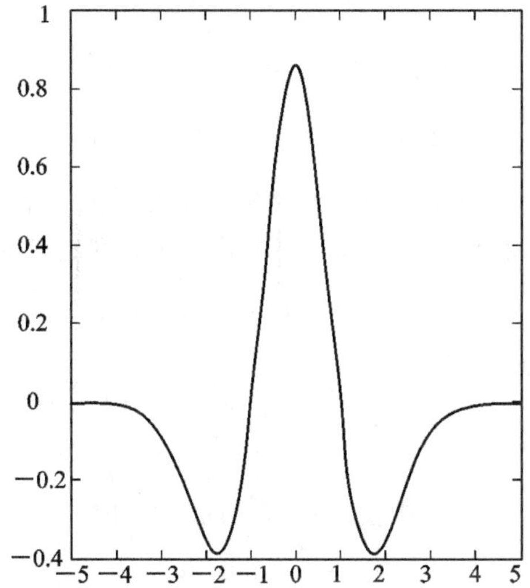

图 5.5 Mexican - hat 小波

3. 连续小波变换的性质

(1) 线性性：

$$W_{\psi}(c_1 f_1 + c_2 f_2) = c_1(W_{\psi} f_1) + c_2(W_{\psi} f_2)$$

(2) 平移性：

$$W_{\psi} f(\cdot - x_0) = (W_{\psi} f)(a, b - x_0)$$

$$W_{\psi} f(\cdot - x_0) = \int_{\mathbf{R}} |a|^{-1/2} f(x - x_0)\overline{\psi\left(\frac{x-b}{a}\right)}\mathrm{d}x$$

$$\int_{\mathbf{R}} |a|^{-1/2} f(x)\overline{\psi\left(\frac{x-(b-x_0)}{a}\right)}\mathrm{d}x = (W_{\psi} f)(a, b - x_0)$$

(3) 伸缩性：

$$W_{\psi}f(c\,\cdot) = \frac{1}{\sqrt{c}}(W_{\psi}f)(ca,\ cb)$$

$$\begin{aligned}W_{\psi}f(c\,\cdot) &= \int_{\mathbf{R}} |a|^{-1/2} f(cx)\,\overline{\psi\left(\frac{x-b}{a}\right)}\mathrm{d}x \\ &= \int_{\mathbf{R}} |a|^{-1/2} f(x)\,\overline{\psi\left(\frac{x/c-b}{a}\right)}\,\frac{1}{c}\mathrm{d}x \\ &= \frac{1}{\sqrt{c}}\int_{\mathbf{R}} |ca|^{-1/2} f(x)\,\overline{\psi\left(\frac{x-cb}{ca}\right)}\mathrm{d}x \\ &= \frac{1}{\sqrt{c}}(W_{\psi}f)(ca,\ cb)\end{aligned}$$

(4) 连续小波变换的另一个重要的性质在于它和加窗 Fourier 变换相比具有完全不同的时间-频率窗。

加窗 Fourier 变换(也称为 Gabor 变换)的定义如下：

$$(S_b^a f)(\omega) = \int_{\mathbf{R}} f(x) g_a(x-b)\mathrm{e}^{\mathrm{i}\omega x}\,\mathrm{d}x = \langle f,\ \overline{g_a(x-b)\mathrm{e}^{-\mathrm{i}\omega x}}\rangle \tag{5.22}$$

其中，$g_a(x)$常取为 Gauss 函数，即

$$g_a(x) = \frac{1}{2\sqrt{\pi a}}\mathrm{e}^{\frac{-x^2}{4a}}$$

令 $G_{b,\omega}^a = \mathrm{e}^{\mathrm{i}\omega x} g_a(x-b)$，则式(5.22)可以写成

$$(S_b^a f)(\omega) = \int_{\mathbf{R}} f(x)\,\overline{G_{b,\omega}^a(x)}\mathrm{d}x \tag{5.23}$$

式(5.23)中 $G_{b,\omega}^a$可以看成是窗函数，窗函数通常用中心和宽度来刻画。

定义 5.1 设 $w(x)$为窗函数，其中心 t^* 和半径 Δ 分别定义为

$$t^* = \frac{1}{\|w\|_2^2}\int_{\mathbf{R}} x\,|w(x)|^2\mathrm{d}x$$

$$\Delta \overset{\text{def}}{=} \frac{1}{\|w\|_2^2}\left(\int_{\mathbf{R}} (x-t^*)^2\,|w(x)|^2\mathrm{d}x\right)^{1/2}$$

窗函数的宽度为 2Δ。

按照定义 5.1 可算出式(5.23)中窗函数 $G_{b,\omega}^a$的中心和半径分别为

$$t^* = b,\ \Delta = \sqrt{a}$$

我们称$[b-\sqrt{a},\ b+\sqrt{a}]$为时间窗。另一方面，由 Parseval 恒等式知式(5.23)也可以用频域的形式来表示，即

$$\begin{aligned}S_b^a f(\omega) &= \langle f,\ G_{b,\omega}^a\rangle = \langle \hat{f},\ \hat{G}_{b,\omega}^a\rangle \\ &= \int_{\mathbf{R}} \hat{f}(\xi)\,\frac{1}{\sqrt{2\pi}}\mathrm{e}^{\mathrm{i}b(\xi-\omega)}\,\mathrm{e}^{-a(\xi-\omega)^2}\mathrm{d}\xi\end{aligned}$$

其中：

$$\hat{G}_{b,\omega}^a(\xi) = \frac{1}{\sqrt{2\pi}}\mathrm{e}^{-\mathrm{i}b(\xi-\omega)}\,\mathrm{e}^{-a(\xi-\omega)^2}$$

按照定义 5.1 计算出上式中窗函数 $\hat{G}_{b,\omega}^a$的中心 $t^* = \omega$ 和半径 $\Delta = \frac{1}{2\sqrt{a}}$，并称

$\left[\omega-\frac{1}{2\sqrt{a}},\ \omega+\frac{1}{2\sqrt{a}}\right]$为频率窗，$\omega$ 为中心频率。

因此可以定义加窗 Fourier 变换的时间-频率窗为

$$[b-\sqrt{a},\ b+\sqrt{a}]\times\left[\omega-\frac{1}{2\sqrt{a}},\ \omega+\frac{1}{2\sqrt{a}}\right] \tag{5.24}$$

对应于中心频率 ω 的时间-频率窗宽度分别为 $2\sqrt{a}$、$1/\sqrt{a}$，它们是两个固定值。

回到连续小波变换：

$$W_\psi f=\int_{\mathbf{R}} f(x)\mid a\mid^{-1/2}\overline{\psi\left(\frac{x-b}{a}\right)}\mathrm{d}x$$

将 $\psi\left(\frac{x-b}{a}\right)$看作窗函数，其中心为

$$t^*=\frac{1}{\left\|\psi\left(\frac{x-b}{a}\right)\right\|_2^2}\int_{\mathbf{R}} x\left|\psi\left(\frac{x-b}{a}\right)\right|^2\mathrm{d}x=a\frac{1}{\|\psi\|_2^2}\int_{\mathbf{R}} y\mid\psi(y)\mid^2\mathrm{d}y+b=at_\psi+b$$

其中：

$$t_\psi=\frac{1}{\|\psi\|_2^2}\int_{\mathbf{R}} y\mid\psi(y)\mid^2\mathrm{d}y$$

若定义

$$\Delta_\psi=\frac{1}{\|\psi\|_2^2}\left\{\int_{\mathbf{R}}(x-t_\psi)^2\mid\psi(x)\mid^2\mathrm{d}x\right\}^{1/2}$$

则窗半径为 $\Delta=a\Delta_\psi$。因此连续小波变换的时间窗为

$$[at_\psi+b-a\Delta_\psi,\ at_\psi+b+a\Delta_\psi]$$

同样地，可求出连续小波变换的频率窗为

$$\left[\frac{t_{\hat\psi}}{a}-\frac{1}{a}\Delta_{\hat\psi},\ \frac{t_{\hat\psi}}{a}+\frac{1}{a}\Delta_{\hat\psi}\right]$$

因此，连续小波变换的时间-频率窗为

$$[at_\psi+b-a\Delta_\psi,\ at_\psi+b+a\Delta_\psi]\times\left[\frac{t_{\hat\psi}}{a}-\frac{1}{a}\Delta_{\hat\psi},\ \frac{t_{\hat\psi}}{a}+\frac{1}{a}\Delta_{\hat\psi}\right]$$

对应于中心频率 $t_{\hat\psi}/a$ 的时间-频率窗宽度分别为 $2a\Delta_\psi$ 和 $2\Delta_\psi/a$，它们随着中心频率的不同而改变，当大于中心频率 $t_{\hat\psi}/a$ 时，时间窗变窄，频率窗宽度变宽，当小于中心频率 $t_{\hat\psi}/a$ 时，则正好相反。这正是在时间-频率分析中最希望得到的结果。图 5.6 给出了加窗 Fourier 变换与连续小波变换的时频窗口示意图。

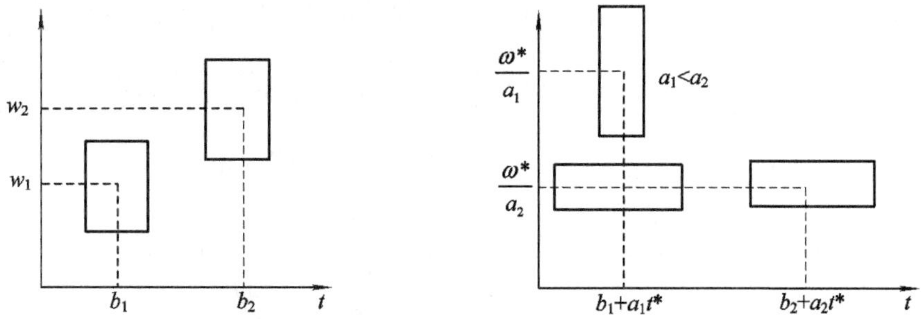

图 5.6　加窗傅里叶变换与连续小波变换的时频窗口示意图

(5) 连续小波变换可以刻画函数的正则性(Hölder 连续性)。

定理 5.2 设小波 ψ 满足 $\int_{\mathbf{R}}(1+|x|)|\psi(x)|\mathrm{d}x<\infty$，且 $\hat{\psi}(0)=0$，若有界函数 f 是 α 阶($0<\alpha\leqslant 1$)Hölder 连续的，即 $|f(x)-f(y)|\leqslant c|x-y|^{\alpha}$，则 $W_{\psi}f$ 满足：

$$|W_{\psi}f(a,b)|\leqslant c'|a|^{\alpha+1/2}$$

证明 由于 $\hat{\psi}(0)=0$，因此 $\int\psi(t)\mathrm{d}t=0$，从而

$$(W_{\psi}f)(a,b)=\int_{\mathbf{R}}|a|^{-1/2}\psi\left(\frac{x-b}{a}\right)(f(x)-f(b))\mathrm{d}x$$

$$|(W_{\psi}f)(a,b)|\leqslant\int_{\mathbf{R}}|a|^{-1/2}\left|\psi\left(\frac{x-b}{a}\right)\right|c|x-b|^{\alpha}\mathrm{d}x$$

$$\leqslant c|a|^{\alpha+\frac{1}{2}}\int_{\mathbf{R}}|\psi(x)\|x|^{\alpha}\mathrm{d}x\leqslant c'|a|^{\alpha+\frac{1}{2}}$$

定理 5.2 的逆定理按照下列形式给出，它们表明 Hölder 条件能用小波变换来刻画。

定理 5.3 设 ψ 是紧支的，$f\in L^2(\mathbf{R})$是有界连续的，若对某个 $\alpha\in(0,1)$，有

$$|(W_{\psi}f)(a,b)|\leqslant c|a|^{\alpha+\frac{1}{2}}$$

则 f 是 α 阶 Hölder 连续的。

对于函数 f，如何确定 Hölder 指数 α，无论从理论上还是从实际上看，都是非常重要的。Fourier 变换也能做到这一点。若 $\int_{\mathbf{R}}|\hat{f}(\xi)(1+|\xi|^{\alpha})\mathrm{d}\xi<\infty$，则 f 是 α 阶 Hölder 连续的。重要的是，连续小波变换还能够用于局部正则性的刻画，而 Fourier 变换的模则不能做到这一点。

定理 5.4 设小波 ψ 满足 $\int_{\mathbf{R}}(1+|x|)|\psi(x)|\mathrm{d}x<\infty$，且 $\hat{\psi}(0)=0$，若有界函数 f 在 x_0 点是 $\alpha\in(0,1)$阶 Hölder 连续的，即

$$|f(x_0+h)-f(x_0)|\leqslant c|h|^{\alpha}$$

则

$$|\langle f,\psi_{a,x_0+b}\rangle|\leqslant c|a|^{1/2}(|a|^{\alpha}+|b|^{\alpha})$$

证明 不失一般性，设 $x_0=0$，否则，可通过平移将 x_0 移到 0 点。由于 $\hat{\psi}(0)=0$，因此 $\int\psi(t)\mathrm{d}t=0$，从而

$$\begin{aligned}|\langle f,\psi_{a,b}\rangle|&=\left|\int_{\mathbf{R}}f(x)|a|^{-1/2}\overline{\psi\left(\frac{x-b}{a}\right)}\mathrm{d}x\right|\\&=\left|\int_{\mathbf{R}}[f(x)-f(0)]|a|^{-1/2}\overline{\psi\left(\frac{x-b}{a}\right)}\mathrm{d}x\right|\\&\leqslant\int_{\mathbf{R}}|f(x)-f(0)||a|^{-1/2}\left|\psi\left(\frac{x-b}{a}\right)\right|\mathrm{d}x\\&\leqslant c\int_{\mathbf{R}}|x|^{\alpha}|a|^{-\frac{1}{2}}\left|\psi\left(\frac{x-b}{a}\right)\right|\mathrm{d}x\\&\leqslant c|a|^{\alpha+\frac{1}{2}}\int_{\mathbf{R}}\left|x+\frac{b}{a}\right|^{\alpha}|\psi(x)|\mathrm{d}x\\&\leqslant c'|a|^{1/2}(|a|^{\alpha}+|b|^{\alpha})\end{aligned}$$

类似地，有如下逆定理：

定理 5.5　设小波 ψ 是紧支的，$f\in L^2(\mathbf{R})$是有界连续的，若存在 $c>0$ 和 $\alpha\in(0,1)$，使得

$$|W_f(a, b)|\leqslant c|a|^{\alpha+\frac{1}{2}}$$

关于 b 一致成立，且

$$|W_f(a, b+x_0)|\leqslant c|a|^{1/2}\left(|a|^\alpha+\frac{|b|^\alpha}{|\log|b||}\right)$$

则 f 在 x_0 点是 α 阶 Hölder 变换的连续的。

若 ψ 有高阶消失矩，即$\int_{\mathbf{R}}x^m\psi(x)\mathrm{d}x=0$，$m=1, 2, \cdots, n$，则连续小波变换可刻画 f 的高阶可微性 $f\in C^m$，以及 $f^{(n)}$ 的 Hölder 连续性。

4. 连续小波与加窗 Fourier 变换的离散化

以上讨论了连续小波变换的几个重要的性质，显然对于连续小波变换：

$$(W_\psi f)(a, b)=(f, \psi_{a,b})=|a|^{-1/2}\int_{\mathbf{R}}f(x)\overline{\psi\left(\frac{x-b}{a}\right)}\mathrm{d}x$$

而言，如果将容许小波 ψ 取为规范正交小波，则上式的离散化形式(取 $a=2^{-j}$，$b=k2^{-j}$)

$$2^{j/2}\int_{\mathbf{R}}f(x)\overline{\psi(2^jx-k)}\mathrm{d}x$$

即为小波系数，其中$\{2^{j/2}\psi(2^jx-k)\}_{j,k\in\mathbf{Z}}$构成 $L^2(\mathbf{R})$的规范正交基。

另一方面，对于加窗 Fourier 变换：

$$(S_b^af)(\omega)=\int_{\mathbf{R}}f(x)g_a(x-b)\mathrm{e}^{-\mathrm{i}\omega x}\mathrm{d}x$$

而言，无论窗函数取何种形式，其离散化形式：

$$\{g_{a,m,n}=g_a(x-mb_0)\mathrm{e}^{-\mathrm{i}n\omega_0x}\}_{m,n\in\mathbf{Z}}$$

都不可能构成 $L^2(\mathbf{R})$的规范正交基。

第6章 小波非线性稀疏逼近

本章介绍小波分析的两个重要的应用：逼近与估计。6.1节将讨论基于小波基的非线性逼近问题。对于光滑函数，基于Fourier基的线性逼近能够取得好的逼近效果；对于有间断的函数，基于小波基的非线性逼近效果较好。在6.2节我们给出几种不同的小波阈值方法，它是基于小波变换的信号去噪方法的基础。6.3节将讨论基于小波的估计问题，由此得出小波阈值方法的理论基础。在6.4节我们简单地介绍小波变换的几个其他应用，包括图像融合、增强、压缩、超分辨等。

6.1 小波非线性稀疏逼近

第1章1.3节给出了Fourier线性稀疏逼近的误差分析。当函数间断时，逼近误差较大。这时用小波基作非线性逼近却能得到较好的稀疏逼近效果。

基于小波基$\{\psi_{j,k}\}$，函数$f(x)$的非线性逼近为

$$f(x) \approx \sum_{(j,k)\in\Lambda,\ \#\Lambda\leqslant N} \alpha_{j,k}\psi_{j,k}$$

这里Λ是N个模最大系数$|\alpha_{j,k}|$的指标构成的集合，#表示集合中元素的个数。逼近误差记为

$$\varepsilon_{\mathrm{n}}(N) = \left\| \sum_{(j,k)\notin\Lambda} \alpha_{j,k}\psi_{j,k} \right\|_2^2$$

定理6.1(基于小波基的非线性稀疏逼近) 当$f(x)\in \mathrm{BV}$时，基于小波的非线性逼近误差为$\varepsilon_{\mathrm{n}}(N)=O(\|f\|_{\mathrm{TV}}^2 N^{-2})$。当$f(x)$是分片光滑函数时，基于小波的非线性逼近误差为$\varepsilon_{\mathrm{n}}(N)=O(N^{-2\alpha})$。这里TV是总变差，BV是总变差有界函数空间，$\alpha$是函数在光滑部分的Lipschitz指标。

可以看到，当$f(x)\in \mathrm{BV}$时，基于小波的非线性逼近误差$\varepsilon_{\mathrm{n}}(N)=O(\|f\|_{\mathrm{TV}}^2 N^{-2})$优于Fourier线性逼近的误差$\varepsilon_{\mathrm{l}}(N)=O(\|f\|_{\mathrm{TV}}^2 N^{-1})$。对分片光滑函数，当$\alpha>1/2$时，基于小波的非线性逼近误差$\varepsilon_{\mathrm{n}}(N)=O(N^{-2\alpha})$优于Fourier线性逼近的误差$\varepsilon_{\mathrm{l}}(N)=O(N^{-\beta})$，$\beta<1$。

6.2 小波阈值去噪

设$f=u+n$，其中f是观察到的信号，u是真实信号，n是噪声，这里假设n是加性的高斯白噪声，即$n\sim N(0,\sigma^2)$。从f出发估计u的问题称为去噪问题，相应的算法称为去噪算法或估计算法。基于小波变换，人们已建立了多种去噪算法。本节介绍其中几种简单典型的算法。

假定要处理的带噪信号在小波基下表示为如下形式：

$$f(x)=\sum_{k}\alpha_{J,k}\varphi_{J,k}+\sum_{J\leqslant j\leqslant M,k}\alpha_{j,k}\psi_{j,k}$$

基于小波分析的去噪方法通过处理小波系数来抑制噪声。

1. 线性估计

线性估计法假定 f 在最细尺度 M 上的细节都属于噪声，丢弃这部分而保留其他部分得到真实信号的估计：

$$\tilde{f}(x)=\sum_{k}\alpha_{J,k}\varphi_{J,k}+\sum_{J\leqslant j\leqslant M-1,k}\alpha_{j,k}\psi_{j,k}$$

在图 6.1 中，可以看到最细尺度细节大部分属于噪声，将其置 0 后得到的线性估计降低了噪声水平。

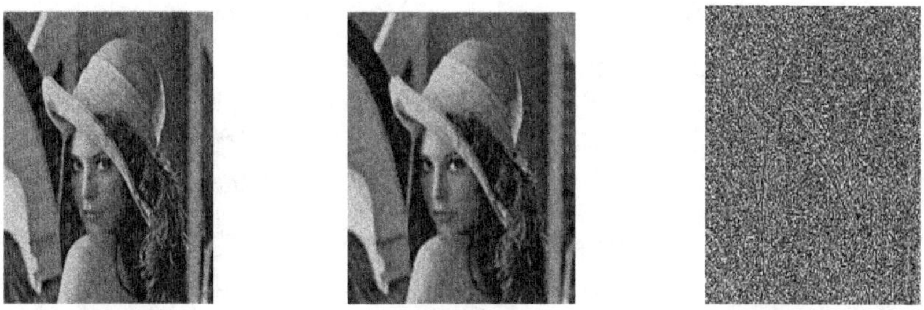

(a) 带噪图像　　(b) 线性估计　　(c) 最细尺度细节

图 6.1　线性估计法去噪

2. 非线性估计——硬阈值方法

硬阈值方法假定幅值大的小波系数是属于真实信号的，而幅值小的小波系数是噪声引起的，因此保留大的小波系数而丢弃小的小波系数就可以抑制噪声。实际应用中，指定一个阈值 λ，假设幅值大于该阈值的小波系数对应于真实信号，将其指标集记作 $\Lambda=\{(j,k):|\alpha_{j,k}|\geqslant\lambda\}$，而小于该阈值的小波系数置零。

定义硬阈值函数为

$$T_{\lambda}^{h}(t)=\begin{cases}t, & |t|\geqslant\lambda\\ 0, & |t|<\lambda\end{cases}$$

则硬阈值算法用下面公式得到真实信号的估计值：

$$\tilde{f}(x)=\sum_{k}\alpha_{J,k}\varphi_{J,k}+\sum_{J\leqslant j\leqslant M,k}T_{\lambda}^{h}(\alpha_{j,k})\psi_{j,k}$$

注意：在上述算法中低频的尺度部分保持不动。

图 6.2 给出了硬阈值去噪的一个例子。

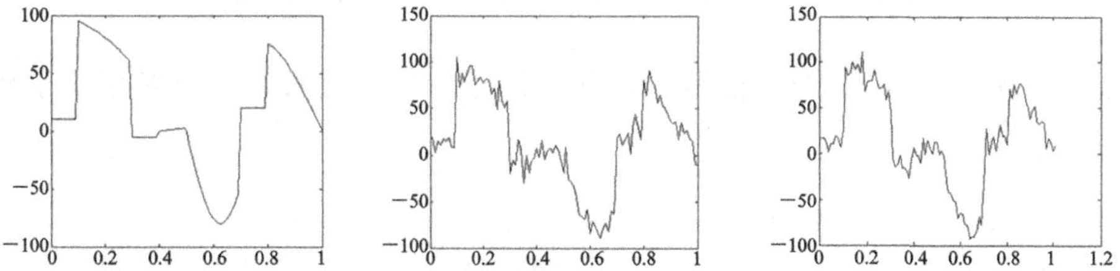

(a) 原始信号　　(b) 加入高斯噪声的信号　　(c) 硬阈值去噪信号

图 6.2　硬阈值去噪

3. 非线性估计——软阈值方法

软阈值算法与硬阈值算法类似，它假定小的小波系数是由噪声引起的，因而要丢弃，而大的小波系数属于真实信号，但由于噪声的影响，幅值得到了放大，因此要适当减小以便于抑制噪声。

定义软阈值函数为

$$T_\lambda^s(t)=\begin{cases}t-\lambda, & t>\lambda\\ t+\lambda, & t<\lambda\\ 0, & |t|\leqslant\lambda\end{cases}$$

和硬阈值函数相比，软阈值函数关于 t 是连续的。软阈值算法用下面的公式估计真实信号：

$$\widetilde{f}(x)=\sum_k \alpha_{J,k}\varphi_{J,k}+\sum_{J\leqslant j\leqslant M,\,k} T_\lambda^s(\alpha_{j,k})\psi_{j,k}$$

图 6.3 是软阈值去噪的一个例子。

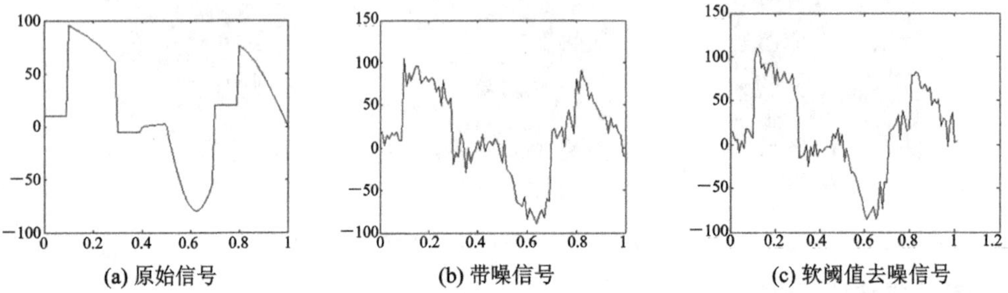

图 6.3 软阈值去噪

在硬阈值和软阈值算法中，一个关键的问题是阈值 λ 的选择。Donoho 和 Johnstone 给出了如下阈值估计方法：

定理 6.2 取 $\lambda=\sigma\sqrt{2\ln N}$，其中 σ 是噪声的标准差，N 是信号长度。当信号长度 $N\geqslant 4$ 时，硬阈值和软阈值估计的风险满足：

$$r_{\mathrm{t}}(f)\leqslant(2\ln N+1)(\sigma^2+r_{\mathrm{n,p}}(f))$$

因子 $2\ln N$ 在所有对角估计里是最优的，即

$$\lim_{N\to+\infty}\inf_{D\in O_d}\operatorname{supp}_{f\in C^N}\frac{E\{\|f-\widetilde{f}\|^2\}}{\sigma^2+r_{\mathrm{n,p}}(f)}\frac{1}{2\ln N}=1$$

注：$r_{n,p}(f)$ 是非线性投影估计的风险。定理的准确含义将在 6.3 节讨论。

6.3 从估计的观点看稀疏逼近

给定基函数 $G=\{g_i\}$，带噪信号和待估计信号的空域关系可以由对应的系数关系表示：

$$f=u+n\xrightarrow{G=\{g_i\}}\{\alpha_i\}=\{\beta_i\}+\{n_i\}$$

其中，$\alpha_i=\langle f,g_i\rangle$，$\beta_i=\langle u,g_i\rangle$，$n_i=\langle n,g_i\rangle$分别为带噪信号、真实信号和噪声的表示系数。去噪问题的关键是如何由观察信号的系数$\{\alpha_i\}$估计出真实信号的系数$\{\widetilde{\beta}_i\}$。

设 D 为估计算子，估计值为 $\tilde{f}=Df$ 或$\{\tilde{\beta}_i\}=D\{\alpha_i\}$，估计的风险为

$$E\|Df-u\|_2^2=E\|\mathrm{D}\{\alpha_i\}-\{\beta_i\}\|_2^2$$

下面先给出不同的估计方法，然后估计这些风险的大小。

定义 6.1　(线性估计)

- 线性估计(记其风险为 r_1)：$\tilde{\beta}_i=D\alpha_i$，这里 $\boldsymbol{D}$ 是和$\{\alpha_i\}$无关的矩阵。
- 线性对角估计（记其风险为 $r_{1,\mathrm{d}}$)：$\tilde{\beta}_i=d_{i,i}\alpha_i$，这里 $\boldsymbol{D}$ 是和$\{\alpha_i\}$无关的对角矩阵。
- 线性投影估计（记其风险为 $r_{1,\mathrm{p}}$)：$\tilde{\beta}_i=d_{i,i}\alpha_i$，这里 $\boldsymbol{D}$ 是和$\{\alpha_i\}$无关的对角矩阵，且 $\boldsymbol{D}$ 的对角元素 $d_{i,i}$ 只能取 0 或 1。

由定义可以看出，对估计方法的约束越来越强，则风险越来越大，即

$$r_{1,\mathrm{p}}(f)\geqslant r_{1,\mathrm{d}}(f)\geqslant r_1(f)$$

定义 6.2　(非线性估计)

- 非线性估计（记其风险为 r_{n})：$\tilde{\beta}_i=\boldsymbol{D}(\{\alpha_j\})\cdot\{\alpha_j\}$，$\boldsymbol{D}$ 是和$\{\alpha_i\}$可能有关的矩阵。
- 非线性对角估计（记其风险为 $r_{\mathrm{n,d}}$)：$\tilde{\beta}_i=d_{i,i}(\alpha_i)\alpha_i$，$\boldsymbol{D}$ 是和$\{\alpha_i\}$可能有关的对角矩阵。
- 非线性投影估计（记其风险为 $r_{\mathrm{n,p}}$)：$\tilde{\beta}_i=d_{i,i}(\alpha_i)\alpha_i$，$\boldsymbol{D}$ 是和$\{\alpha_i\}$可能有关的对角矩阵，且 $\boldsymbol{D}$ 的对角元素 $d_{i,i}$ 只能取 0 或 1。

同样，对估计方法的约束越来越强，风险越来越大，即

$$r_{\mathrm{n,p}}(f)\geqslant r_{\mathrm{n,d}}(f)\geqslant r_{\mathrm{n}}(f)$$

下面给出投影估计 $r_{1,\mathrm{p}}(f)$和 $r_{\mathrm{n,p}}(f)$的风险分析。

对线性投影估计有 $\tilde{\beta}_i=d_{i,i}\alpha_i$，$d_{i,i}$的值只能取 0 或 1。

例如，$d_{i,i}=\begin{cases}1, & 1\leqslant i\leqslant M\\ 0, & M<i\leqslant N\end{cases}$，$N$ 是信号的长度，对应的逼近是

$$f\approx\tilde{f}=Du=\sum_{i=1}^{N}(d_{ii}\alpha_i)g_i=\sum_{i=1}^{M}\alpha_i g_i$$

风险为

$$\begin{aligned}r_{1,\mathrm{p}}(f,M)&=E\|f-Du\|_2^2=E\left\|f-\sum_{i=1}^{M}\alpha_i g_i\right\|_2^2\\&=E\left\|\sum_{i=1}^{N}\beta_i g_i-\sum_{i=1}^{M}\alpha_i g_i\right\|_2^2=\sum_{i=M+1}^{N}|\beta_i|_2^2+M\sigma^2=\varepsilon_1(M)+M\sigma^2\end{aligned}$$

我们看到风险 $r_{1,\mathrm{p}}(f,M)$依赖于线性逼近的误差 $\varepsilon_1(M)$，M 越大，$\varepsilon_1(M)$越小，$M\sigma^2$ 越大。什么是最优的 M 呢？对应的风险有多大呢？

定理 6.3　如果 $\varepsilon_1(M)\sim C^2M^{1-2s}$ 且 $1\leqslant C/\sigma\leqslant N^s$，则最优的 $M\sim C^{1/s}\sigma^{-1/s}$，此时 $\min\limits_M r_{1,\mathrm{p}}(f)\sim C^{1/s}\sigma^{2-1/s}$，对非线性投影估计，有 $\tilde{\beta}_i=d_{i,i}\alpha_i$，$d_{i,i}$的值只能取 0 或 1。显然，当

$$d_{i,i}=\begin{cases}1, & |\beta_i|\geqslant\sigma\\ 0, & |\beta_i|<\sigma\end{cases}$$

时达到极小风险。设 $\Lambda=\{i:|\beta_i|\geqslant\sigma\}$，则对应的逼近为

$$f \approx \tilde{f} = Du = \sum_{i=1}^{N} d_{ii}(\beta_i)\alpha_i g_i = \sum_{i \in \Lambda} \alpha_i g_i$$

风险为

$$r_{n,p}(f) = E\| f - Du \|_2^2 = \sum_{i=1}^{N} \min(|\beta_i|^2, \sigma^2) = \varepsilon_n(M) + M\sigma^2$$

这里 $M = \# \Lambda$，我们看到风险 $r_{n,p}(f)$ 依赖于非线性逼近的误差 $\varepsilon_n(M)$。下面的定理给出了上述风险的最小值。

定理 6.4　如果 $\varepsilon_n(M) \sim C^2 M^{1-2s}$ 且 $1 \leqslant C/\sigma \leqslant N^s$，则

$$r_{n,p}(f) \sim C^{1/s}\sigma^{2-1/s}$$

从上面两个定理我们可以得到下述结论：① 线性和非线性投影估计的风险分别依赖于在这组基下线性和非线性投影逼近的误差；② 因为非线性逼近的误差较小，所以非线性投影估计的风险比线性投影估计的风险小。后面我们只讨论非线性估计。

在非线性投影估计中，有

$$d_{i,i} = \begin{cases} 1, & |\beta_i| \geqslant \sigma \\ 0, & |\beta_i| < \sigma \end{cases}$$

依赖于未知量 $\{\beta_i\}$，所以这样的投影被称为 Oracle 投影，是不可实现的。实际计算中，通常用硬阈值和软阈值来近似。

(1) 硬阈值方法。给定阈值 λ，取 $d_{i,i} = \begin{cases} 1, & |\alpha_i| \geqslant \lambda \\ 0, & |\alpha_i| < \lambda \end{cases}$，则估计为

$$f \approx \tilde{f} = Du = \sum_{i=1}^{N} d_{ii}(\alpha_i)\alpha_i g_i = \sum_{i \in \tilde{\Lambda}} \alpha_i g_i$$

其中，$\tilde{\Lambda} = \{i : |\alpha_i| \geqslant \lambda\}$。若定义硬阈值函数 $\rho_\lambda(x) = \begin{cases} x, & |x| > \lambda \\ 0, & |x| \leqslant \lambda \end{cases}$，则上式可以表示为

$$f \approx \tilde{f} = Du = \sum_{i=1}^{N} \rho_\lambda(\alpha_i) g_i$$

硬阈值估计的风险为

$$r_t(f) = E\| f - Du \|_2^2 = \sum_{i=1}^{N} E(|\beta_i - \rho_\lambda(\alpha_i)|^2) = \varepsilon_n(\tilde{M}) + \tilde{M}\sigma^2$$

其中，$\tilde{M} = \# \tilde{\Lambda}$。

(2) 软阈值方法。对给定阈值 λ，定义软阈值函数为

$$\rho_\lambda(x) = \begin{cases} x - \lambda, & x > \lambda \\ 0, & -\lambda \leqslant x \leqslant \lambda \\ x + \lambda, & x < -\lambda \end{cases}$$

则估计函数为

$$f \approx \tilde{f} = Du = \sum_{i=1}^{N} \rho_\lambda(\alpha_i) g_i$$

对应的风险为

$$r_t(f) = E\| f - Du \|_2^2 = \sum_{i=1}^{N} E(|\beta_i - \rho_\lambda(\alpha_i)|^2)$$

定理 6.5(Donoho, Johnstone)　设 $\lambda=\sigma\sqrt{2\ln N}$，当 $N\geqslant 4$ 时，硬阈值和软阈值的风险 $r_t(f)$ 满足：

$$r_t(f)\leqslant(2\ln N+1)(\sigma^2+r_{n,p}(f))$$

因子 $2\ln N$ 在对角估计中是最优的，即

$$\lim_{N\to+\infty}\inf_{D\in O_d}\sup_{u\in C^N}\frac{E\{\|f-\hat{f}\|^2\}}{\sigma^2+r_p(f)}\frac{1}{2\ln N}=1$$

这个定理告诉我们，对函数 f，阈值估计的风险和非线性投影的风险相当。由此得到不同估计方法的风险关系如下：

$r_t(f)\sim r_{n,p}(f)$（非线性投影估计风险）$\geqslant r_{n,d}(f)\geqslant r_n(f)$

下面给出 $r_{n,d}(f)$ 和 $r_{n,p}(f)$ 的关系。

非线性对角估计 $\tilde{\beta}_i=d_{i,i}(\alpha_i)\alpha_i$ 的风险为 $r_{n,d}(f)=\sum_{i=1}^{N}E(|\beta_i-d_{i,i}\alpha_i|^2)$，当 $d_{i,i}=\frac{|\beta_i|^2}{|\beta_i|^2+\sigma^2}$ 时取得极小值 $r_{n,d}(f)=\sum_{i=1}^{N}\frac{|\beta_i|^2}{|\beta_i|^2+\sigma^2}\sigma^2$。

而非线性投影估计的风险是

$$r_{n,p}(f)=\sum_{i=1}^{N}\min(|\beta_i|^2,\sigma^2)$$

因为 $\min(x,y)\geqslant\frac{xy}{x+y}\geqslant\frac{1}{2}\min(x,y)$，我们有

$$r_{n,p}(f)\geqslant r_{n,d}(f)\geqslant\frac{1}{2}r_{n,p}(f)$$

由此，对函数 f 不同估计方法的风险关系进一步表示为

$$r_t(f)\sim r_{n,p}(f)\sim r_{n,d}(f)\geqslant r_n(f)$$

推广上述估计到集合的情形。

定义 6.3　对集合 Θ 以及所有可能的估计 D 的最小化极大风险(Minmax Risk)为

$$r_t(\Theta)=\inf_D\max_{f\in\Theta}r_t(f),\quad r_{n,p}(\Theta)=\inf_D\max_{f\in\Theta}r_{n,p}(f)$$
$$r_{n,d}(\Theta)=\inf_D\max_{f\in\Theta}r_{n,d}(f),\quad r_n(\Theta)=\inf_D\max_{f\in\Theta}r_n(f)$$

由于 $r_{n,p}(f)\leqslant r_t(f)\leqslant(2\ln N+1)(\sigma^2+r_{n,p}(f))$，因此有

$$r_{n,p}(\Theta)\leqslant r_t(\Theta)\leqslant(2\ln N+1)(\sigma^2+r_{n,p}(\Theta))$$

这意味着 $r_t(\Theta)$ 和 $r_{n,p}(\Theta)$ 等价，即 $r_t(\Theta)\sim r_{n,p}(\Theta)$。

进一步由 $r_{n,p}(f)\geqslant r_{n,d}(f)\geqslant\frac{1}{2}r_{n,p}(f)$ 有

$$r_{n,p}(\Theta)\geqslant r_{n,d}(\Theta)\geqslant\frac{1}{2}r_{n,p}(\Theta)$$

即 $r_{n,p}(\Theta)\sim r_{n,d}(\Theta)$，我们得到

$$r_t(\Theta)\sim r_{n,p}(\Theta)\sim r_{n,d}(\Theta)\geqslant r_n(\Theta)$$

对一些特定的集合，我们可以得到最后一个等价关系。

定理 6.6　对正交对称集(Orthosymmetric)Θ[3]，有

$$\frac{1}{1.25}r_{n,d}(\Theta)\leqslant r_n(\Theta)\leqslant(2\ln N+1)(\sigma^2+r_{n,d}(\Theta))$$

上述定理表明对正交对称集 Θ 有

$$r_{\mathrm{t}}(\Theta) \sim r_{\mathrm{n,p}}(\Theta) \sim r_{\mathrm{n,d}}(\Theta) \sim r_{\mathrm{n}}(\Theta)$$

这意味着在这种情况下阈值估计的风险是接近最优的。利用有界变差和正交对称集的关系，我们可以得到有界变差信号和有界变差图像阈值估计的风险。

定义 6.4 周期为 N 的有界变差信号集合 Θ_V 定义为

$$\Theta_V = \{f: \| f \|_V = \sum_{n=1}^{N} | f(n) - f(n-1) | \leqslant C\}$$

定理 6.7(Dohono, Johnstone) 设 $T=\sigma\sqrt{2\ln N}$，则

$$A_1 (C/\sigma)^{2/3} \frac{1}{N^{2/3}} \leqslant \frac{r_{\mathrm{n}}(\Theta_V)}{N\sigma^2} \leqslant \frac{r_{\mathrm{t}}(\Theta_V)}{N\sigma^2} \leqslant B_1 (C/\sigma)^{2/3} \frac{\ln N}{N^{2/3}}$$

即对有界变差信号集合，阈值的风险和非线性估计风险等价，从而接近最优。

定义 6.5(有界变差图像) $N\times N$ 图像 f 的总变差定义为

$$\| f \|_V = \frac{1}{N}\sum_{m,n=1}^{N} (| f(m,n) - f(m-1,n) |^2 + | f(m,n) - f(m,n-1) |^2)^{1/2}$$

有界变差图像的全体记为 $\Theta_V=\{f: \| f \|_V \leqslant C\}$。

定理 6.8 设 $T=\sigma\sqrt{2\ln N^2}$，则

$$A_1(C/\sigma) \frac{1}{N} \leqslant \frac{r_{\mathrm{n}}(\Theta_V)}{N^2\sigma^2} \leqslant \frac{r_{\mathrm{t}}(\Theta_V)}{N^2\sigma^2} \leqslant B_1(C/\sigma) \frac{\ln N}{N}$$

即对有界变差图像集合，阈值的风险和非线性估计风险等价，从而接近最优。上述定理给出了阈值的估计公式和相应的信号估计算法带来的风险上界。其中的噪声标准差 σ 可以用多种方式估计。接下来介绍常用的利用小波系数来估计 σ 的方法。由

$$f(x) = \sum_{k} \alpha_{J,k}\varphi_{J,k} + \sum_{J\leqslant j\leqslant M,k} \alpha_{j,k}\psi_{j,k}$$

得到最高尺度上的小波系数 $\{\alpha_{M,k}\}$，然后用其中位数 M_X 来估计 σ：

$$\bar{\sigma} = \frac{M_X}{0.6745}$$

除了通用阈值 $\lambda=\sigma\sqrt{2\ln N}$ 外，还有多种确定阈值的方法，如 SURE 阈值、平移不变阈值等。

6.4 其他应用

前几节我们给出了小波变换在去噪中的应用并给出了阈值估计的风险分析。本节我们将简单地介绍小波变换的其他应用，包括图像融合、增强、压缩、超分辨等。当然，小波变换的应用远远不止这些，原则上说，只要 Fourier 变换能做的，小波变换一样能做。实际上，小波变换将图像分解成为具有不同尺度的成分之和，分别对这些成分进行各种不同的运算，可以实现对图像不同的处理。

1. 图像融合

基于小波的图像融合的一般步骤如图 6.4 所示。将图像 X 和 Y 分别作小波分解，得到各自的小波系数。利用给定的融合算法将两组小波系数融合为一组，最后进行小波重构，

得到融合后的图像。

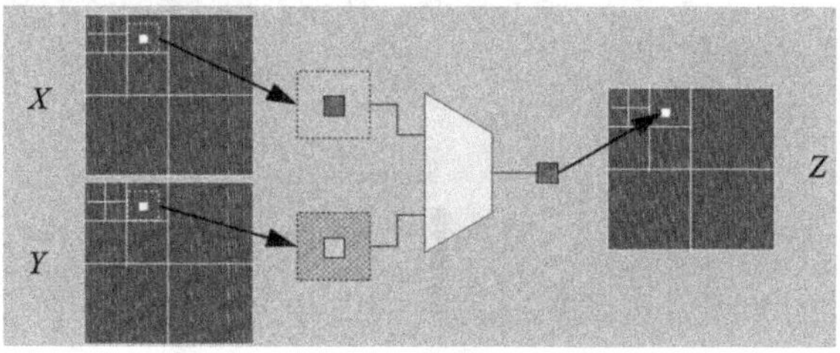

图 6.4　基于小波的图像融合的一般步骤

有多种小波系数的融合算法，如简单取大或取平均，如图 6.5 所示。

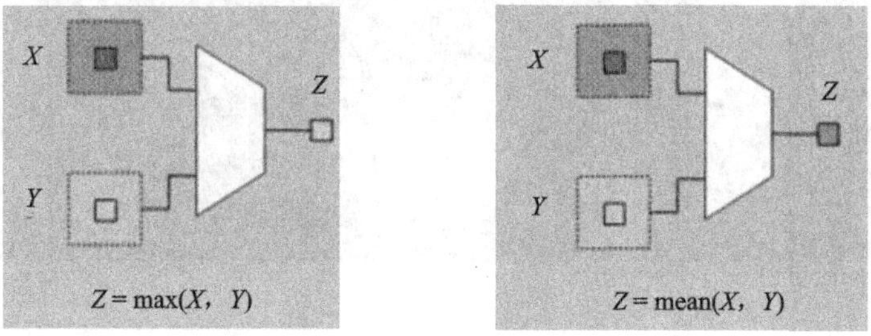

图 6.5　简单取大或取平均

【例 6.1】　图像融合的例子，见图 6.6。图(a)、(b)分别是左、右半边清晰的图像。图(c)是小波系数简单取大融合后的结果。

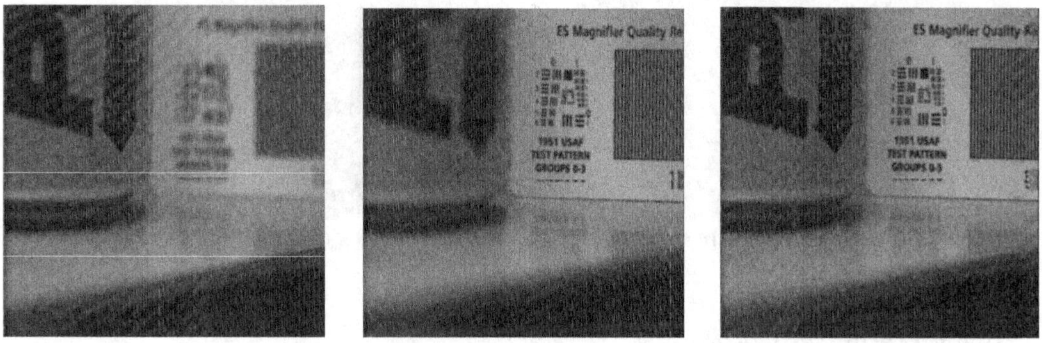

(a)　(b)　(c)

图 6.6　多焦图像融合

【例 6.2】　图像融合的其他例子，见图 6.7。

2. 图像增强

基于小波变换的图像增强的主要步骤是：对图像作小波分解得到不同尺度的小波系数；利用阈值等方法对各个尺度的小波系数进行修正，得到新的小波系数；逆小波变换重构图像。

【例 6.3】　基于小波变换的油井图像增强，见图 6.8。

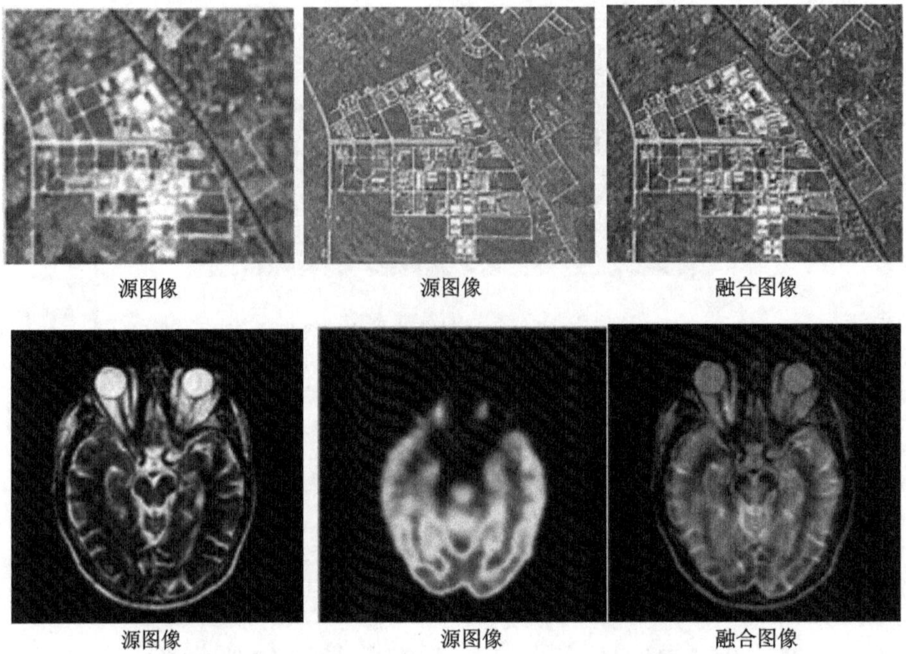

图 6.7　异质图像融合

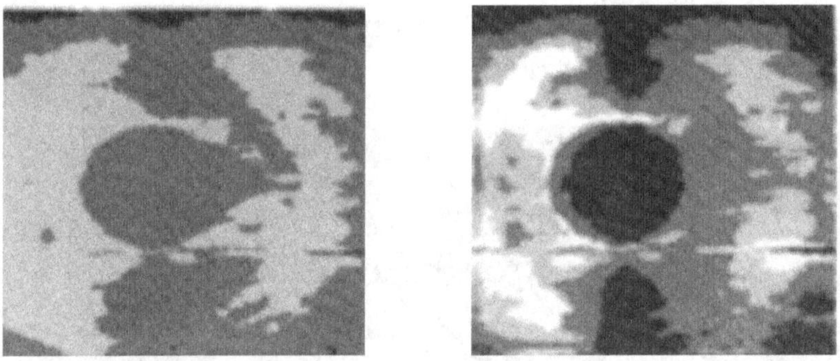

(a) 原始油井图像　　(b) 增强后的油井图像

图 6.8　图像增强

这里我们使用了修正的阈值方法：

$$S(w_{ij})=\begin{cases}C_{ij}(w_{ij}-T), & w_{ij}\geqslant T\\0, & -T<w_{ij}<T\\C_{ij}(w_{ij}+T), & w_{ij}\leqslant -T\end{cases}$$

其中，对小于 T 的部分进行阈值运算是为了去除噪声，但和软阈值不同的是这里引入了增强因子 C_{ij}。

3. 图像压缩

同样由于多尺度分解，我们可以在保留图像细节的同时，对图像进行压缩以节省存储空间。其基本步骤包括：对图像进行小波分解得到小波系数序列 w；利用阈值等运算修正小波系数，得到新的系数序列 w'，量化 w' 成为序列 q；对 q 进行熵编码得到新的序列 e；重构图像。

【例 6.4】 图像压缩的例子见图 6.9。峰值信噪比 PSNR 为 35.4683，压缩比为 16。

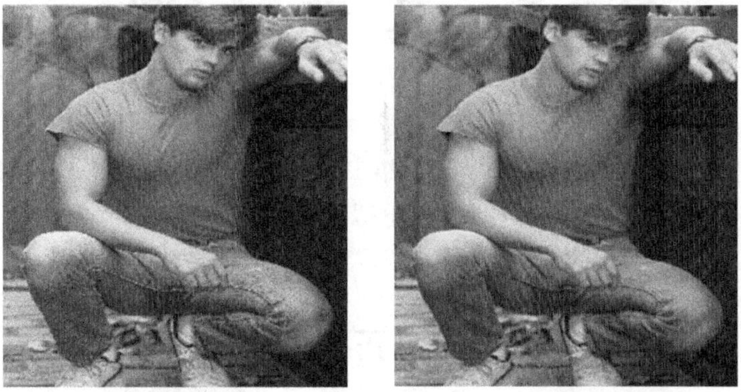

(a) 原始的图像　(b) 压缩后的图像

图 6.9　图像压缩

4. 超分辨

利用 L^1 约束和小波变换，我们可以通过求解下述优化问题实现图像的超分辨表示：

$$\underset{u=Wa}{\operatorname{argmin}}\{\,\| u_0 - DHWa \|_2^2 + \lambda\,|a|_1\}$$

其中，W 是小波重构算子，H 是模糊算子，D 是下采样算子，a 是我们要求的超分辨图像的小波系数。这个优化问题可以利用迭代阈值方法(IST)求解。

【例 6.5】 图像超分辨的例子，见图 6.10。

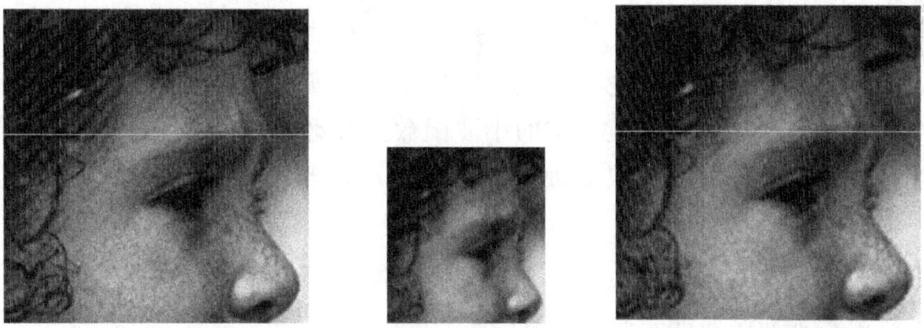

(a) 原始高分辨图像　(b) 低分辨图像　(c) 恢复的高分辨图像

图 6.10　图像超分辨

第7章 其他小波

本章将介绍其他形式的小波。7.1节介绍Daubechies定义的双正交小波；7.2节介绍Coifman和Meyer定义的小波包；7.3节讨论适用于分析区间函数或信号的区间小波；7.4节讨论分析高维函数或信号的高维小波。

7.1 双正交小波

由定理4.5知，除了Haar小波外，不存在实的、规范正交的且同时具有紧支性以及对称性或反对称性的小波函数。解决的方法之一就是放弃规范正交性，用双正交小波代替规范正交小波。双正交小波的定义如下：

定义7.1 设ψ, $\tilde{\psi}\in L^2(\mathbf{R})$，$\psi_{j,k}(x)=2^{j/2}\psi(2^jx-k)$，$\tilde{\psi}_{j,k}(x)=2^{j/2}\tilde{\psi}(2^jx-k)$，$j$，$k\in\mathbf{Z}$，若$\{\psi_{j,k}\}_{j,k\in\mathbf{Z}}$，$\{\tilde{\psi}_{j,k}\}_{j,k\in\mathbf{Z}}$均构成$L^2(\mathbf{R})$的Riesz基，且

$$\langle\psi_{j,k}, \tilde{\psi}_{l,m}\rangle=\bar{\delta}_{j,l}\bar{\delta}_{k,m}, \ j, k, l, m\in\mathbf{Z} \tag{7.1}$$

则称ψ为双正交小波函数，$\tilde{\psi}$为ψ的对偶小波，$\{\psi_{j,k}\}$与$\{\tilde{\psi}_{j,k}\}$为双正交对偶小波基。

由$\{\psi_{j,k}\}$与$\{\tilde{\psi}_{j,k}\}$的双正交性可以得到$f(x)\in L^2(\mathbf{R})$的展开式：

$$f(x)=\sum_{j,k\in\mathbf{Z}}\langle f, \psi_{j,k}\rangle\tilde{\psi}_{j,k}(x)=\sum_{j,k\in\mathbf{Z}}\langle f, \tilde{\psi}_{j,k}\rangle\psi_{j,k}(x) \tag{7.2}$$

由Riesz基的定义知，规范正交基一定是Riesz基，所以当$\psi=\tilde{\psi}$时，双正交小波函数成为我们在前面各章所研究的规范正交的小波函数。因此，双正交小波函数是规范正交小波函数的推广，对双正交小波函数ψ而言，当对偶小波与其相同时，成为规范正交小波函数。

1. 双正交小波函数的构造

构造规范正交小波函数的主要途径是：

$$\text{MRA}\rightarrow\varphi\rightarrow m_\varphi(\xi)\rightarrow m_\psi(\xi)\rightarrow\psi$$

类似地，构造双正交小波函数的主要途径是从对偶的两个多分辨率分析出发，如图7.1所示。

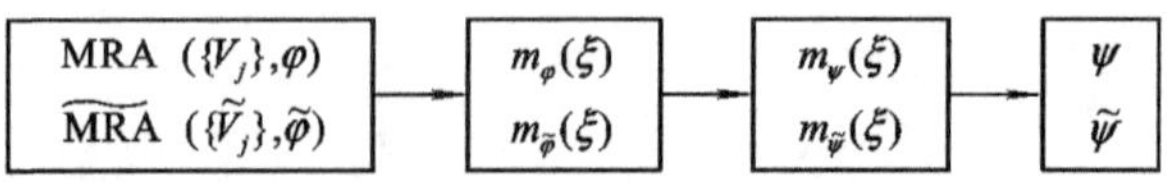

图7.1 利用对偶多分辨分析构造双正交小波函数的主要途径

定义7.2 设$(\{V_j\}, \varphi)$、$(\{\tilde{V}_j\}, \tilde{\varphi})$分别是$L^2(\mathbf{R})$的可能的不同的MRA，若有$\langle\varphi_{j,k}, \tilde{\varphi}_{l,m}\rangle=\delta_{j,l}\cdot\delta_{k,m}$，$j$，$k$，$l$，$m\in\mathbf{Z}$，则称$(\{V_j\}, \varphi)$与$(\{\tilde{V}_j\}, \tilde{\varphi})$是互对偶的MRA，称$\varphi$与$\tilde{\varphi}$为双正交尺度函数。

现在假定有两个互相对偶的多分辨分析$\{V_j, \varphi\}$和$\{\widetilde{V}_j, \widetilde{\varphi}\}$，则$\varphi$和$\widetilde{\varphi}$分别满足各自的双尺度方程：

$$\begin{cases}\varphi\left(\dfrac{x}{2}\right)=\sum\limits_k \sqrt{2}h_k\varphi(x-k)\\ \widetilde{\varphi}\left(\dfrac{x}{2}\right)=\sum\limits_k \sqrt{2}\widetilde{h}_k\widetilde{\varphi}(x-k)\end{cases}\tag{7.3}$$

两边取傅里叶变换，有

$$\begin{cases}\varphi(2\xi)=m_\varphi(\xi)\hat{\varphi}(\xi)\\ \hat{\widetilde{\varphi}}(2\xi)=m_{\widetilde{\varphi}}(\xi)\hat{\widetilde{\varphi}}(\xi)\end{cases}\tag{7.4}$$

其中：

$$\begin{cases}m_\varphi(\xi)=\dfrac{1}{\sqrt{2}}\sum\limits_k h_k\mathrm{e}^{-\mathrm{i}k\xi}\\ m_{\widetilde{\varphi}}(\xi)=\dfrac{1}{\sqrt{2}}\sum\limits_k \widetilde{h}_k\mathrm{e}^{-\mathrm{i}k\xi}\end{cases}$$

且假定$\{h_k\}$、$\{\widetilde{h}_k\}$均属于l^1。

选取2π周期函数：

$$\begin{cases}m_\psi(\xi)=\dfrac{1}{\sqrt{2}}\sum\limits_k g_k\mathrm{e}^{-\mathrm{i}k\xi}\\ m_{\widetilde{\psi}}(\xi)=\dfrac{1}{\sqrt{2}}\sum\limits_k \widetilde{g}_k\mathrm{e}^{-\mathrm{i}k\xi}\end{cases}$$

其中，$\{g_k\}$，$\{\widetilde{g}_k\}\in l^1$，使得下式成立：

$$\begin{bmatrix}\overline{m_\varphi(\xi)} & \overline{m_\varphi(\xi+\pi)}\\ \overline{m_\psi(\xi)} & \overline{m_\psi(\xi+\pi)}\end{bmatrix}\begin{bmatrix}m_{\widetilde{\varphi}}(\xi) & m_{\widetilde{\psi}}(\xi)\\ m_{\widetilde{\varphi}}(\xi+\pi) & m_{\widetilde{\psi}}(\xi+\pi)\end{bmatrix}=\begin{bmatrix}1 & 0\\ 0 & 1\end{bmatrix}\tag{7.5}$$

则可以通过 Fourier 变换定义$L^2(\mathbf{R})$中的函数ψ和$\widetilde{\psi}$为

$$\begin{cases}\hat{\psi}(\xi)=m_\psi\left(\dfrac{\xi}{2}\right)\hat{\varphi}\left(\dfrac{\xi}{2}\right)\\ \hat{\widetilde{\psi}}(\xi)=m_{\widetilde{\psi}}\left(\dfrac{\xi}{2}\right)\hat{\widetilde{\psi}}\left(\dfrac{\xi}{2}\right)\end{cases}\tag{7.6}$$

由式(7.6)知，$\psi\in V_1=\mathrm{span}\,\{\sqrt{2}\varphi(2x-k)\}_{k\in\mathbf{Z}}$，$\widetilde{\psi}\in\widetilde{V}_1=\mathrm{span}\,\{\sqrt{2}\widetilde{\varphi}(2x-k)\}_{k\in\mathbf{Z}}$。

下面的定理表明ψ、$\widetilde{\psi}$是双正交的。

定理 7.1　由式(7.6)定义的ψ、$\widetilde{\psi}$满足双正交性：

$$\langle\psi(x),\ \widetilde{\psi}(x-k)\rangle=\delta_{0,k},\ k\in\mathbf{Z}\tag{7.7}$$

$$\langle\varphi(x),\ \widetilde{\psi}(x-k)\rangle=0,\ \langle\widetilde{\varphi}(x),\ \psi(x-k)\rangle=0,\ k\in\mathbf{Z}\tag{7.8}$$

证明

$$\begin{aligned}\langle\psi(x),\ \widetilde{\psi}(x-k)\rangle&=\langle\hat{\psi}(\xi),\ \mathrm{e}^{-\mathrm{i}k\xi}\hat{\widetilde{\psi}}(\xi)\rangle=\int\hat{\psi}(\xi)\mathrm{e}^{\mathrm{i}k\xi}\overline{\hat{\widetilde{\psi}}(\xi)}\mathrm{d}\xi\\ &=\int_{\mathbf{R}}m_\psi\left(\frac{\xi}{2}\right)\overline{m_{\widetilde{\psi}}\left(\frac{\xi}{2}\right)}\hat{\varphi}\left(\frac{\xi}{2}\right)\overline{\hat{\widetilde{\varphi}}\left(\frac{\xi}{2}\right)}\mathrm{e}^{\mathrm{i}k\xi}\mathrm{d}\xi\end{aligned}$$

$$= \sum_{l} \int_{2\pi l}^{2\pi(l+1)} m_{\psi}\left(\frac{\xi}{2}\right) \overline{m_{\tilde{\psi}}\left(\frac{\xi}{2}\right) \hat{\varphi}\left(\frac{\xi}{2}\right) \hat{\tilde{\varphi}}\left(\frac{\xi}{2}\right)} e^{ik\xi} d\xi$$

$$= \sum_{l} \int_{0}^{2\pi} m_{\psi}\left(\frac{\xi}{2} + \pi l\right) \overline{m_{\tilde{\psi}}\left(\frac{\xi}{2} + \pi l\right)} \hat{\varphi}\left(\frac{\xi}{2} + \pi l\right) \overline{\hat{\tilde{\varphi}}\left(\frac{\xi}{2} + \pi l\right)} e^{ik\xi} d\xi$$

$$= \int_{0}^{2\pi} \left\{ \sum_{l} \left[m_{\psi}\left(\frac{\xi}{2} + 2\pi l\right) \overline{m_{\tilde{\psi}}\left(\frac{\xi}{2} + 2\pi l\right)} \hat{\varphi}\left(\frac{\xi}{2} + 2\pi l\right) \overline{\hat{\tilde{\varphi}}\left(\frac{\xi}{2} + 2\pi l\right)} \right] + \right.$$

$$\left. \sum_{l} \left[m_{\psi}\left(\frac{\xi}{2} + \pi + 2\pi l\right) \overline{m_{\tilde{\psi}}\left(\frac{\xi}{2} + \pi + 2\pi l\right)} \hat{\varphi}\left(\frac{\xi}{2} + \pi + 2\pi l\right) \overline{\hat{\tilde{\varphi}}\left(\frac{\xi}{2} + \pi + 2\pi l\right)} \right] \right\} e^{ik\xi} d\xi$$

$$= \int_{0}^{2\pi} \left[m_{\psi}\left(\frac{\xi}{2}\right) \overline{m_{\tilde{\psi}}\left(\frac{\xi}{2}\right)} \sum_{l} \hat{\varphi}\left(\frac{\xi}{2} + 2\pi l\right) \overline{\hat{\tilde{\varphi}}\left(\frac{\xi}{2} + 2\pi l\right)} + \right.$$

$$\left. m_{\psi}\left(\frac{\xi}{2} + \pi\right) \overline{m_{\tilde{\psi}}\left(\frac{\xi}{2} + \pi\right)} \sum \hat{\varphi}\left(\frac{\xi}{2} + \pi + 2\pi l\right) \overline{\hat{\tilde{\varphi}}\left(\frac{\xi}{2} + \pi + 2\pi l\right)} \right] e^{ik\xi} d\xi \tag{7.9}$$

因为

$$\delta_{n,0} = \langle \varphi(x), \tilde{\varphi}(x-n) \rangle = \int_{\mathbf{R}} \hat{\varphi}(\xi) \overline{\hat{\tilde{\varphi}}(\xi)} e^{in\xi} d\xi = \sum_{k} \int_{2\pi k}^{2\pi(k+1)} \hat{\varphi}(\xi) \overline{\hat{\tilde{\varphi}}(\xi)} e^{in\xi} d\xi$$

$$= \int_{0}^{2\pi} \left(\sum_{k} \hat{\varphi}(\xi + 2k\pi) \overline{\hat{\tilde{\varphi}}(\xi + 2\pi k)} \right) e^{in\xi} d\xi$$

所以

$$\sum \hat{\varphi}(\xi + 2k\pi) \overline{\hat{\tilde{\varphi}}(\xi + 2\pi k)} = \frac{1}{2\pi} \quad \text{（几乎处处）} \tag{7.10}$$

将式(7.10)代入式(7.9)，并由式(7.5)有

$$\langle \psi(x), \tilde{\psi}(x-k) \rangle = \frac{1}{2\pi} \int_{0}^{2\pi} \left[m_{\psi}\left(\frac{\xi}{2}\right) \overline{m_{\tilde{\psi}}\left(\frac{\xi}{2}\right)} + m_{\psi}\left(\frac{\xi}{2} + \pi\right) \overline{m_{\tilde{\psi}}\left(\frac{\xi}{2} + \pi\right)} \right] e^{ik\xi} d\xi$$

$$= \frac{1}{2\pi} \int_{0}^{2\pi} e^{ik\xi} d\xi = \delta_{k,0}$$

类似可证式(7.8)成立。

推论 7.1 对式(7.6)定义的 ψ、$\tilde{\psi}$，$\{\psi_{j,k}\}$线性无关，$\{\tilde{\psi}_{j,k}\}$也线性无关。

证明 由式(7.7)知$\langle \psi_{j,k}, \tilde{\psi}_{l,m} \rangle = \delta_{j,l}\delta_{k,m}$。

假设$\{\psi_{j,k}\}$线性相关，即有某个 $\psi_{j_0,k_0} = \sum\limits_{\substack{j,k\in\mathbf{Z} \\ (j,k)\neq(j_0,k_0)}} \alpha_{j,k}\psi_{j,k}$，两边同时与 $\tilde{\psi}_{j_0,k_0}$ 作内积，得 $1 = 0$，矛盾。

同理可证$\{\tilde{\psi}_{j,k}\}$线性无关。

对式(7.6)定义的 ψ、$\tilde{\psi}$，令 $W_0 = \text{span}\{\psi(x-k)\}_{k\in\mathbf{Z}}$，$\tilde{W}_0 = \text{span}\{\tilde{\psi}(x-k)\}_{k\in\mathbf{Z}}$，则有

$$\begin{cases} V_1 = V_0 \dot{+} W_0 \\ \tilde{V}_1 = \tilde{V}_0 \dot{+} \tilde{W}_0 \end{cases} \tag{7.11}$$

式中，“$\dot{+}$”表示直和(不一定是正交和)。再定义

$$W_j = \text{span}\{2^{j/2}\psi(2^j x - k)\}_{k\in\mathbf{Z}}$$

$$\tilde{W}_j = \text{span}\{2^{j/2}\tilde{\psi}(2^j x - k)\}_{k\in\mathbf{Z}}$$

则由式(7.11)知：

$$L^2(\mathbf{R}) = \cdots \dot{+} W_{-1} \dot{+} W_0 \dot{+} W_1 \dot{+} \cdots$$
$$= \cdots \dot{+} \widetilde{W}_{-1} \dot{+} \widetilde{W}_0 \dot{+} \widetilde{W}_1 \dot{+} \cdots \tag{7.12}$$

式(7.12)表明，$\forall f(x) \in L^2(\mathbf{R})$，$f(x)$都可以用$\{\psi_{j,k}\}$或$\{\widetilde{\psi}_{l,m}\}$的线性组合作任意精度的逼近。这样式(7.12)和推论7.1一起表明$\{\psi_{j,k}\}$、$\{\widetilde{\psi}_{l,m}\}$都是$L^2(\mathbf{R})$的基，且满足双正交性$\langle \psi_{j,k}, \widetilde{\psi}_{l,m} \rangle = \delta_{j,l}\delta_{k,m}$。

上面讨论的结果归纳为如下定理7.2。

定理 7.2 对式(7.6)定义的ψ、$\widetilde{\psi}$，$\{\psi_{j,k}\}$和$\{\widetilde{\psi}_{j,k}\}$是$L^2(\mathbf{R})$的一对双正交基。

这样我们“几乎”完成了双正交小波的构造。唯一不能确定的是$\{\psi_{j,k}\}$、$\{\widetilde{\psi}_{l,m}\}$是否满足下列稳定性条件(框架条件)：

存在常数c_1，c_2，$\widetilde{c}_1$，$\widetilde{c}_2 > 0$，使得

$$\begin{cases} c_1 \| f \|_2^2 \leqslant \sum\limits_{j,k \in \mathbf{Z}} |\langle f, \psi_{j,k} \rangle|^2 \leqslant c_2 \| f \|_2^2 \\ \widetilde{c}_1 \| f \|_2^2 \leqslant \sum\limits_{j,k \in \mathbf{Z}} |\langle f, \widetilde{\psi}_{j,k} \rangle|^2 \leqslant \widetilde{c}_2 \| f \|_2^2 \end{cases} \tag{7.13}$$

若上式成立，则表明$\{\psi_{j,k}\}$、$\{\widetilde{\psi}_{l,m}\}$是$L^2(\mathbf{R})$的一对双正交 Riesz 基。

下面的定理7.3表明，在双正交的情况下，框架条件式(7.13)可以放松一些。

定理 7.3 设$\{\psi_{j,k}\}$、$\{\widetilde{\psi}_{l,m}\}$分别是$L^2(\mathbf{R})$的基，且满足双正交性$\langle \psi_{j,k}, \widetilde{\psi}_{l,m} \rangle = \delta_{j,l}\delta_{k,m}$，又若存在常数$c_2$，$\widetilde{c}_2 > 0$，使得

$$\begin{cases} \sum\limits_{j,k \in \mathbf{Z}} |\langle f, \psi_{j,k} \rangle|^2 \leqslant c_2 \| f \|_2^2 \\ \sum\limits_{j,k \in \mathbf{Z}} |\langle f, \widetilde{\psi}_{j,k} \rangle|^2 \leqslant \widetilde{c}_2 \| f \|_2^2 \end{cases} \tag{7.14}$$

则$\{\psi_{j,k}\}$、$\{\widetilde{\psi}_{l,m}\}$是$L^2(\mathbf{R})$的一对双正交 Riesz 基。

证明 $\forall f(x) \in L^2(\mathbf{R})$，有

$$f(x) = \sum_{j,k \in \mathbf{Z}} \langle f, \widetilde{\psi}_{j,k} \rangle \psi_{j,k}(x)$$

因此

$$\| f \|_2^2 = \langle f(x), f(x) \rangle = \langle \sum_{j,k \in \mathbf{Z}} \langle f, \widetilde{\psi}_{j,k} \rangle \psi_{j,k}(x), f(x) \rangle = \sum_{j,k \in \mathbf{Z}} \langle f, \widetilde{\psi}_{j,k} \rangle \langle \psi_{j,k}, f \rangle$$
$$\leqslant \Big(\sum_{j,k \in \mathbf{Z}} |\langle f, \widetilde{\psi}_{j,k} \rangle|^2 \Big)^{1/2} \Big(\sum_{j,k \in \mathbf{Z}} |\langle \psi_{j,k}, f \rangle|^2 \Big)^{1/2} \leqslant c_2^{1/2} \| f \|_2 \Big(\sum_{j,k \in \mathbf{Z}} |\langle f, \widetilde{\psi}_{j,k} \rangle|^2 \Big)^{1/2}$$

从而

$$c_2^{-1} \| f \|_2^2 \leqslant \sum_{j,k \in \mathbf{Z}} |\langle f, \widetilde{\psi}_{j,k} \rangle|^2$$

类似地，有

$$\widetilde{c}_2^{-1} \| f \|_2^2 \leqslant \sum_{j,k \in \mathbf{Z}} |\langle f, \psi_{j,k} \rangle|^2$$

这表明，在定理所给条件下，由式(7.14)可推出式(7.13)。故定理结论成立。

综上，有下述结论：从两个相互对偶的 MRA 出发，可以构造出ψ和$\widetilde{\psi}$，使$\{\psi_{j,k}\}$和$\{\widetilde{\psi}_{j,k}\}$构成$L^2(\mathbf{R})$的双正交基。若进一步$\{\psi_{j,k}\}$和$\{\widetilde{\psi}_{j,k}\}$满足式(7.14)，则$\{\psi_{j,k}\}$和

$\{\tilde{\psi}_{j,k}\}$ 构成双正交小波。

为了保证式（7.14）成立，通常要对开始的两个互相对偶的 MRA：$\{V_j, \varphi\}$ 和 $\{\tilde{V}_j, \tilde{\varphi}\}$ 再加一点条件。一般对 φ 的一个要求如下：

对某个 $\sigma > 0$，有

$$\begin{cases} \operatorname*{supp}_{\xi \in \mathbf{R}} \sum_{k \in \mathbf{Z}} |\hat{\varphi}(\xi + 2k\pi)|^{2-\sigma} < +\infty, \ \sigma > 0 \\ \operatorname*{supp}_{\xi \in \mathbf{R}} (1 + |\xi|)^{\sigma} |\hat{\varphi}(\xi)| < +\infty \end{cases} \tag{7.15}$$

对 $\tilde{\varphi}$ 有类似的条件。

实际上，有下述定理：

定理 7.4　设对某个 $\sigma > 0$，φ 满足式（7.15），则存在常数 c，$\forall f(x) \in L^2(\mathbf{R})$，有下面不等式成立：

$$\sum_{j,k \in \mathbf{Z}} |\langle f, \psi_{j,k} \rangle|^2 \leqslant c \| f \|_2^2$$

上述结论对于 $\tilde{\varphi}$、$\tilde{\psi}$ 同样成立。

图 7.2 给出了对偶多分辨分析（记为 MRA 和 $\widetilde{\text{MRA}}$）与双正交小波的关系示意图。

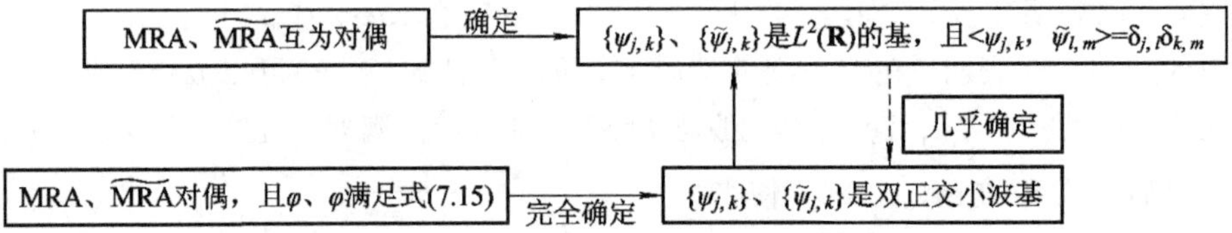

图 7.2　对偶多分辨分析与双正交小波的关系示意图

2. 双正交小波级数展开算法

下面给出双正交小波级数展开式（7.2）中系数的快速算法。先给出各子空间之间的关系。由定理 7.2 知，$V_J = V_{J-1} \dotplus W_{J-1}$，又由式（7.8）知 $W_{J-1} \perp \tilde{V}_{J-1}$，进而有

$$V_J = V_{J-M} \dotplus W_{J-M} \dotplus W_{J-M+1} \dotplus \cdots \dotplus W_{J-1}, \ W_j \perp \tilde{V}_j$$

其中，$J-M \leqslant j \leqslant J-1$ 且 $j \in \mathbf{Z}$。因此有如图 7.3 所示的关系。

$$V_J \to V_{J-1} \to V_{J-2} \cdots \to V_0 \qquad \tilde{V}_J \to \tilde{V}_{J-1} \to \tilde{V}_{J-2} \cdots \to \tilde{V}_0$$
$$\searrow \dotplus \quad \searrow \dotplus \quad \ddots \searrow \dotplus \qquad\qquad \searrow \dotplus \quad \searrow \dotplus \quad \ddots \searrow \dotplus$$
$$W_{J-1} \quad W_{J-2} \quad\quad W_0 \qquad\qquad \tilde{W}_{J-1} \quad \tilde{W}_{J-2} \quad\quad \tilde{W}_0$$

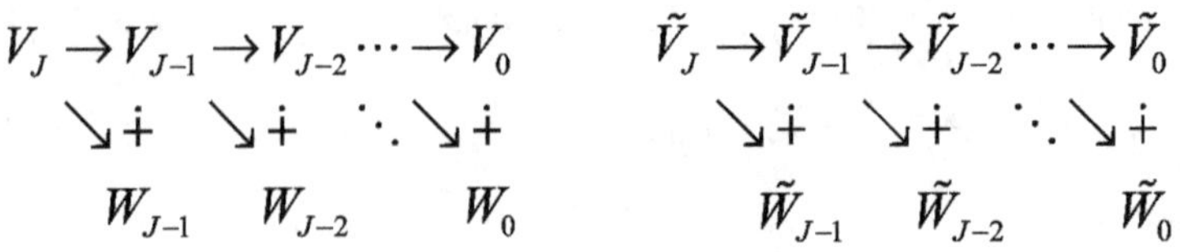

图 7.3　式（7.2）中系数的快速算法示意图

对于所有 $j \in \mathbf{Z}$，有 $V_j \perp \tilde{W}_j$ 和 $\tilde{V}_j \perp W_j$。设 $f_J \in V_J$，则

$$f_J = \sum_k c_{J,k} \varphi_{J,k} = \sum_{j=J-M}^{J-1} \sum_k d_{j,k} \psi_{j,k} + \sum_{k \in \mathbf{Z}} c_{J-M,k} \varphi_{J-M,k}$$

其中：

$$c_{j,k} = \langle f_J, \tilde{\varphi}_{j,k} \rangle$$

$$d_{j,k}=\langle f_J,\ \tilde{\psi}_{j,k}\rangle$$

由$\{c_{J,k}\}_{k\in\mathbf{Z}}$到$\{d_{j,k}\}_{k\in\mathbf{Z}}$，$j=J-M$，…，$J-1$与$\{c_{J-M,k}\}_{k\in\mathbf{Z}}$的转换公式称为分解公式；反过来，由$\{d_{j,k}\}_{k\in\mathbf{Z}}$，$j=J-M$，…，$J-1$与$\{c_{J-M,k}\}_{k\in\mathbf{Z}}$到$\{c_{J,k}\}_{k\in\mathbf{Z}}$的转换公式称为重建公式。

由式(7.3)知：

$$\tilde{\varphi}(x)=\sum_l\sqrt{2}\,\tilde{h}_l\tilde{\varphi}(2x-l)$$

$$\tilde{\psi}(x)=\sum_l\sqrt{2}\,\tilde{g}_l\tilde{\varphi}(2x-l)$$

故

$$\tilde{\varphi}_{j,k}(x)=\sum_l\tilde{h}_l\tilde{\varphi}_{j+1,\,2k+l}(x)$$

$$\tilde{\psi}_{j,k}(x)=\sum_l\tilde{g}_l\tilde{\varphi}_{j+1,\,2k+l}(x)$$

等式两边与 f_J 作内积，则有

$$\begin{cases}c_{j,k}=\sum\limits_l\overline{\tilde{h}_{l-2k}}c_{j+1,\,l}\\ d_{j,k}=\sum\limits_l\overline{\tilde{g}_{l-2k}}c_{j+1,\,l}\end{cases}\tag{7.16}$$

式(7.16)的计算过程可用图 7.4 表示。

$$\begin{array}{l}c_J\rightarrow c_{J-1}\rightarrow c_{J-2}\rightarrow\cdots\rightarrow c_{J-M}\\ \quad\searrow d_{J-1}\ \searrow d_{J-2}\quad\ \cdots\ \searrow d_{J-M}\end{array}$$

图 7.4　式(7.16)的计算过程示意图

将函数 $f_J(x)$分解到不同分辨层并进行分析处理后，在许多场合需要将这些处于不同分辨层的函数再叠加起来，重新得到在 V_J 中的表现形式，重构算法即用来实现这种运算。

实际上，因为

$$\tilde{V}_{j+1}=\tilde{V}_j+\tilde{W}_j$$

所以有

$$\tilde{\varphi}_{j+1,k}(x)=\sum_l\alpha_l\tilde{\varphi}_{j,l}(x)+\sum_l\beta_l\tilde{\psi}_{j,l}(x)$$

注意到$\{\varphi_{j,k}\}$与$\{\tilde{\psi}_{j,k}\}$的双正交性，以及 $\tilde{W}_j$ 与 V_j 的直交性，有

$$\begin{aligned}\alpha_l&=\int_{\mathbf{R}}\tilde{\varphi}_{j+1,k}(x)\,\overline{\varphi_{j,l}(x)}\,\mathrm{d}x\\ &=\int_{\mathbf{R}}\tilde{\varphi}_{j+1,k}(x)\,\overline{\sum_n h_n\varphi_{j+1,\,2l+n}(x)}\,\mathrm{d}x=\bar{h}_{k-2l}\end{aligned}$$

同理可推出：

$$\beta_l=\bar{g}_{k-2l}$$

因此有：

$$\tilde{\varphi}_{j+1,k}(x)=\sum_l\bar{h}_{k-2l}\tilde{\varphi}_{j,l}(x)+\sum_l\bar{g}_{k-2l}\tilde{\psi}_{j,l}(x)$$

两边分别和 f_J 内积，则有

$$c_{j+1,k}=\sum_l h_{k-2l}c_{j,l}+\sum_l g_{k-2l}d_{j,l}\tag{7.17}$$

式(7.17)的计算过程如图 7.5 所示。

$$\begin{array}{l} c_J \leftarrow c_{J-1} \leftarrow c_{J-2} \leftarrow \cdots \leftarrow c_{J-M} \\ \quad \nwarrow d_{J-1} \nwarrow d_{J-2} \qquad \nwarrow d_{J-M} \end{array}$$

图 7.5　式(7.17)的计算过程示意图

双正交情形分解与重构公式(7.16)、式(7.17)在形式上同正交情形的分解与重构公式(5.7)、式(5.12)类似，但在双正交情形，分解与重构是用不同的两对系数进行的，分解时用$\{\tilde{h}_k\}$和$\{\tilde{g}_k\}$，而重构时用另一对系数$\{h_k\}$、$\{g_k\}$。与正交情形一样，在双正交条件下，分解与重构算法的运算量为$O(N)$，N为输入信号的长度。

由于双正交小波从两个对偶的 MRA 出发，和正交小波相比增加了自由度，因此可以构造出紧支撑的双正交小波，同时具有对称性或反对称性。图 7.6 给出了由样条函数出发构造出的双正交紧支撑对称小波函数的图形。

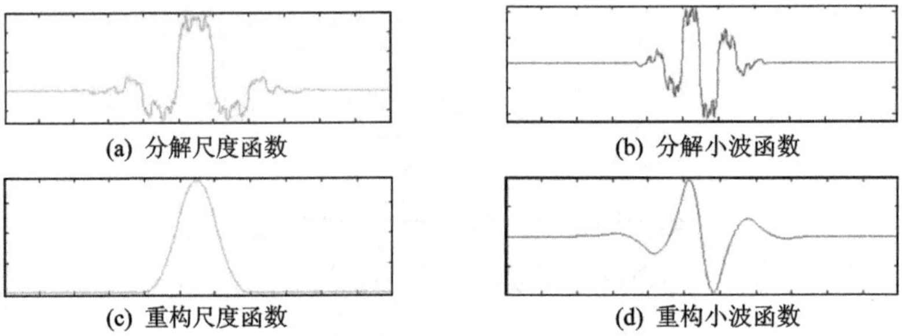

图 7.6　双正交紧支撑对称小波函数的图形

这一节简单介绍了由 MRA 构造双正交小波的方法。和正交情形一样，可以从$m_{\varphi}(\xi)$和$m_{\tilde{\varphi}}(\xi)$出发生成尺度函数φ和$\tilde{\varphi}$，进一步从φ和$\tilde{\varphi}$出发构造 MRA。限于篇幅，这里不再讨论它们应满足的各种条件，有兴趣的读者可参阅参考文献。

7.2　小波包(正交)

Coifman 和 Meyer 对第 5 章讨论的小波分解进行了扩展，构造了小波包分解，本节简单介绍正交小波包。

假定已知 MRA：$(\{V_j\},\varphi)$，其中正交尺度函数φ满足双尺度方程：

$$\varphi(x)=\sqrt{2}\sum_k h_k\varphi(2x-k) \tag{7.18}$$

则正交小波函数$\psi(x)$可定义为

$$\psi(x)=\sqrt{2}\sum_k g_k\varphi(2x-k) \tag{7.19}$$

其中，$g_k=(-1)^k\overline{h}_{-k+1}$。为了方便小波包表示，沿用参考文献[2]中的记号，即

$$\begin{cases}\mu_0(x)=\varphi(x)\\ \mu_1(x)=\psi(x)\end{cases} \tag{7.20}$$

则式(7.18)、式(7.19)可以写为

$$\begin{cases}\mu_0(x)=\sum_k h_k\sqrt{2}\mu_0(2x-k)\\ \mu_1(x)=\sum_k g_k\sqrt{2}\mu_0(2x-k)\end{cases}\tag{7.21}$$

由式(7.21)有

$$\begin{cases}\mu_0(x-l)=\sum_k h_k\sqrt{2}\mu_0(2x-2l-k)=\sum_k h_{k-2l}\sqrt{2}\mu_0(2x-k)\\ \mu_1(x-l)=\sum_k g_k\sqrt{2}\mu_0(2x-2l-k)=\sum_k g_{k-2l}\sqrt{2}\mu_0(2x-k)\end{cases}\tag{7.22}$$

式(7.22)表明，$V_1=\text{span}\{\sqrt{2}\mu_0(2x-k)\}_{k\in\mathbf{Z}}$的一组规范正交基$\{\sqrt{2}\mu_0(2x-k)\}_{k\in\mathbf{Z}}$可分解为

$$V_0=\text{span}\{\mu_0(x-l)\}_{l\in\mathbf{Z}}\ 和\ W_0=\text{span}\{\mu_1(x-l)\}_{l\in\mathbf{Z}}$$

的规范正交基：

$$\{\mu_0(x-l)\}_{l\in\mathbf{Z}}\ 和\{\mu_1(x-l)\}_{l\in\mathbf{Z}}$$

因此式(7.22)称为分裂算法。反过来，由式(5.11)有

$$\sqrt{2}\mu_0(2x-k)=\sum_l[\bar{h}_{k-2l}\mu_0(x-l)+\bar{g}_{k-2l}\mu_1(x-l)]\tag{7.23}$$

即由V_0和W_0的规范正交基可以重组成V_1的规范正交基。

将式(7.22)推广到一般形式，则可定义μ_{2n}和μ_{2n+1}如下：

$$\begin{cases}\mu_{2n}(x-l)=\sum_k h_{k-2l}\sqrt{2}\mu_n(2x-k)\\ \mu_{2n+1}(x-l)=\sum_k g_{k-2l}\sqrt{2}\mu_n(2x-k)\end{cases}\tag{7.24}$$

可以证明：当$\{\sqrt{2}\mu_n(2x-k)\}_{k\in\mathbf{Z}}$构成某个空间的规范正交基时，$\{\mu_{2n}(x-l)\}_{l\in\mathbf{Z}}$、$\{\mu_{2n+1}(x-l)\}_{l\in\mathbf{Z}}$也是该空间的规范正交基，且有

$$\sqrt{2}\mu_n(2x-k)=\sum_l[\bar{h}_{k-2l}\mu_{2n}(x-l)+\bar{g}_{k-2l}\mu_{2n+1}(x-l)]\tag{7.25}$$

令$U_j^n=\text{span}\{2^{j/2}\mu_n(2^jx-k)\}$，则式(7.25)表明$U_1^n=U_0^{2n}\oplus U_0^{2n+1}$。

一般地，有

$$U_{i+1}^n=U_i^{2n}+U_i^{2n+1}\tag{7.26}$$

取$V_J=\text{span}\{2^{J/2}\varphi(2^Jx-k)\}=\text{span}\{2^{J/2}\mu_0(2^Jx-k)\}=U_J^0$，则有如图7.7所示的分解关系。

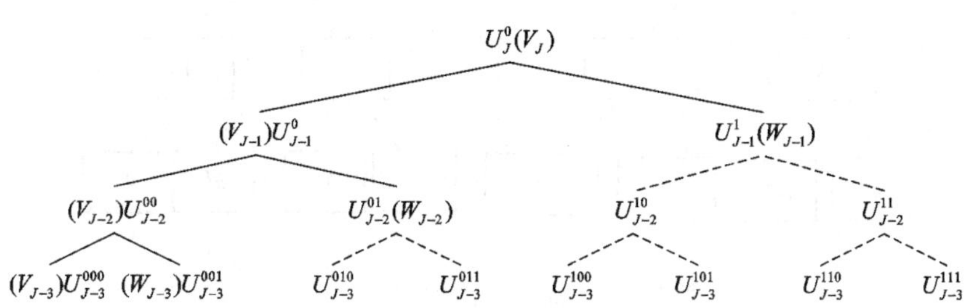

图7.7 小波包分解示意图

小波分解对应着$U_J^0=U_{J-1}^1\oplus U_{J-2}^1\oplus U_{J-3}^1\oplus U_{J-3}^0$。如果说小波算法是把一个信号$f_J\in V_J$分解为模糊近似$f_{J-1}\in V_{J-1}$和细节信号$g_{J-1}\in W_{J-1}$，那么其下一步运算是对模糊近似

f_{J-1}作进一步分解，而保留细节信号g_{J-1}不动。从图7.7中可以清楚地看出，小波包变换则把f_{J-1}和g_{J-1}同等对待，将g_{J-1}类似地分解为模糊近似和细节信号两部分。因此，小波包分解构成了一个完整的树结构。

$V_J=U_J^0$可以写成许多个不同的子空间U_j^n的正交和，如$U_J^0=U_{J-1}^0\oplus U_{J-2}^2\oplus U_{J-3}^6\oplus U_{J-3}^7$等。那么，如何知道怎样的$\{U_j^n\}$可以组成$V_J$的正交分解呢？将每个子空间$U_j^n$与区间$[n2^j,(n+1)2^j]$对应起来，则$\{U_j^n\}_{j\in J_0}^{n\in N_0}$构成$V_J$的正交分解的充要条件是$[0,2^J)=\bigcup\limits_{\substack{n\in N_0\\ j\in J_0}}[n2^j,(n+1)2^j)$且所有区间$[n2^j,(n+1)2^j)$两两不相交，即$\{[n2^j,(n+1)2^j)\}_{j\in J_0}^{n\in N_0}$构成$[0,2^J)$的一个分划。例如，对应$U_J^0=U_{J-1}^0\oplus U_{J-2}^2\oplus U_{J-3}^6\oplus U_{J-3}^7$，有分划：$[0,2^J)=[0,2^{J-1})\cup[2\cdot 2^{J-2},3\cdot 2^{J-2})\cup[6\cdot 2^{J-3},7\cdot 2^{J-3})\cup[7\cdot 2^{J-3})\cup[7\cdot 2^{J-3},8\cdot 2^{J-3})$，如图7.8所示。

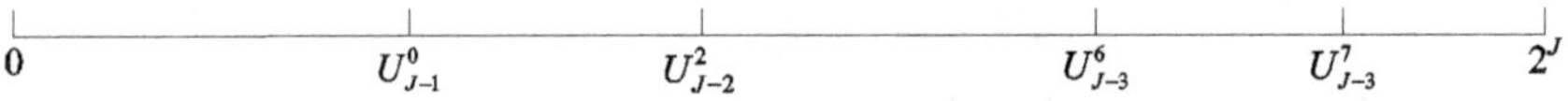

图7.8　$[0,2^J)$的区间分划示意图

$V_J=U_J^0$可以有多种不同的分解，对应地V_J中的信号$f_J\in V_J$可以用不同的基来表示，因此可以在某种准则下挑选该信号f_J的最优表示，这种准则往往用代价函数来刻画。代价函数可以有各种不同的定义，但它必须能反映出将信号(或函数)在这组基下展开时所需的计算量和存储量等花费。代价函数值越小，表明利用这组基花费越少。下面介绍最优基选择算法，即当代价函数确定以后，如何在小波包中所有可能的基里找出花费最小的那组基。

我们知道，小波包分解构成了一个完整的树结构(如图7.7所示)，称V_J为这棵树的根，每个U_j^m为树的结点。为了寻找最优基，将每一个结点处的代价函数值计算出来，并记在每个结点上，如图7.9所示，并将树的底层标上 * 号。

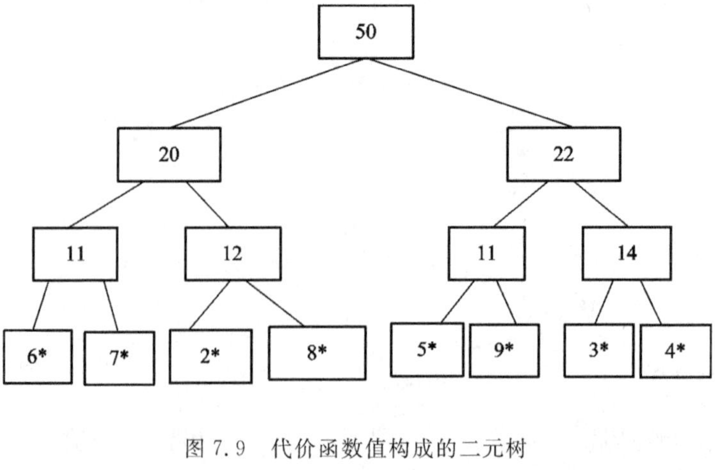

图7.9　代价函数值构成的二元树

从底层开始，将同一层的每两个值之和与它上一层的代价函数值比较，若和值大于上一层的值，则在该结点处标上 * 号，表示它比下一层的两个代价函数之和花费更小，是最优基的候选对象；若和值小于上一层的值，则将和值写在该点处，替换原有值(见图7.10)。

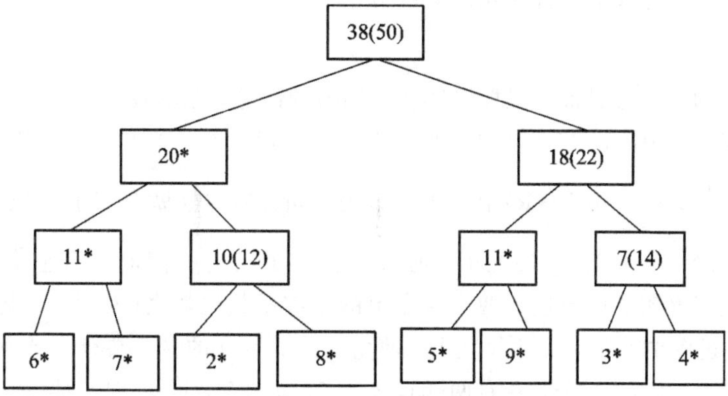

图 7.10 括号内为原来该结点处的代价函数

最后，从树的顶层(根)开始经每个结点向下搜索，若遇到 * 号则停止，* 号结点下面的结点就不必再搜索了。这样保留下来的 U_j^n 的全体构成了 V_J 的一组正交分解，它们的基的并构成了 V_J 的基，而且具有最小的花费，故称为最优基，如图 7.11 所示。

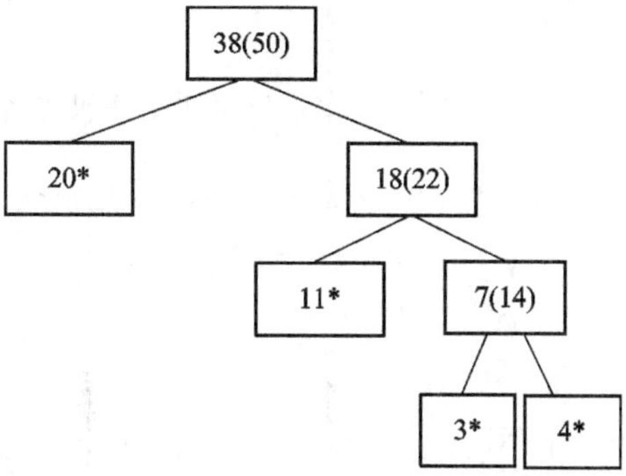

图 7.11 最优基的一个例子

7.3 区间小波

前面讨论的尺度函数和小波函数的定义域是整个实数轴，但在许多实际问题中所考虑的函数的定义域往往是有限区间$[a, b]$，这时就需要构造$L^2[a, b]$上的小波基。不妨假设$[a, b]=[0, 1]$。本节讨论如何从$L^2(\mathbf{R})$的尺度函数和小波出发来构造$L^2[a, b]$中的尺度函数和小波函数。

对$L^2(\mathbf{R})$中的 Haar 基$\{\varphi_{0,k}\}_{k\in\mathbf{Z}}\cup\{\psi_{j,k}\}_{j\geqslant 0, k\in\mathbf{Z}}$，取基函数在$[0, 1]$上的限制$\{\varphi_{0,0}\}\cup\{\psi_{j,k}\}_{j\geqslant 0, 0\leqslant k\leqslant 2^j-1}$，即构成$L^2[0, 1]$的基。但当基函数比较光滑时，事情就不那么简单了。

设φ和ψ是 Daubechies 紧支规范正交尺度函数和小波函数，其支集宽度为$2N-1$。为了避免同时处理$[0, 1]$的两个端点，将$L^2(\mathbf{R})$的小波基取为$\{\varphi_{j_0,k}\}_{k\in\mathbf{Z}}\cup\{\psi_{j,k}\}_{j\geqslant j_0, k\in\mathbf{Z}}$，要求$\frac{2N-1}{2^{j0}}\leqslant 1$，则$\varphi_{j_0,k}$和$\psi_{j,k}(j\geqslant j_0)$的支集宽度为$\frac{2N-1}{2^{j_0}}\leqslant 1$，$\frac{2N-1}{2^j}\leqslant 1$，这样没有基函数同时跨越 0 和 1，但在不同尺度上，有$2N-2$个小波基跨过 0 点，另有$2N-2$个小波基

跨过1点。下面介绍将这组基区间化的五种方法。

1. 零延拓

将跨越端点的基函数截断，只取区间[0, 1]内的部分，用落在[0, 1]内的基进行分析。这样对 $f(x)\in L^2[0,1]$ 进行分析就等价于将函数 $f(x)$ 作"0"延拓，即 $f(x)=\begin{cases} f(x), & x\in[0,1] \\ 0, & \text{其他}\end{cases}$，然后用 $L^2(\mathbf{R})$ 中的小波基去分析。但这样做会产生两个问题：

(1) 在端点 $x=0$，1 上，$f(x)$ 的零延拓常会产生人为的间断、不连续性，从而即使 $f(x)$ 在[0, 1]上很光滑，也会造成两个端点上的小波系数比较大(人为的奇异点)。

(2) 使用了过多的小波，在 j 尺度上，使 $\langle f, \psi_{j,k}\rangle\neq 0$ 的 $\psi_{j,k}$ 共有 2^j+N-2 个，其中在[0, 1]内部有 2^j-2N+2 个，左右两端点各有 $2N-2$ 个，Haar 基仅需 2^j 个。

2. 周期化

构造周期尺度函数与周期小波如下：

$$\begin{cases} \varphi_{j_0,k}^{\text{per}}(x)=2^{j_0/2}\sum\limits_{l\in\mathbf{Z}}\varphi(2^{j_0}x+2^{j_0}l-k), & 0\leqslant k\leqslant 2^{j_0-1} \\ \psi_{j,k}^{\text{per}}(x)=2^{j/2}\sum\limits_{l\in\mathbf{Z}}\psi(2^{j}x+2^{j}l-k), & 0\leqslant k\leqslant 2^{j-1},\ j\geqslant j_0 \end{cases}$$

V_J 的维数 $\dim V_J=2^J=2^{j_0}+\sum\limits_{j=j_0}^{J-1}2^j$，在 j 尺度上，小波基个数是 2^j 个。

性质 1 $\varphi_{j_0,k}^{\text{per}}$，$0\leqslant k\leqslant 2^{j_0-1}$，$\psi_{j,k}^{\text{per}}$，$0\leqslant k\leqslant 2^{j-1}$，$j\geqslant j_0$ 是正交的，即

$$\langle \psi_{j_1,k_1}^{\text{per}}, \psi_{j_2,k_2}^{\text{per}}\rangle=\delta_{j_1j_2}\delta_{k_1k_2}$$

$$\langle \varphi_{j_0,k}^{\text{per}}, \psi_{j,l}^{\text{per}}\rangle=0$$

证明

$$\begin{aligned}
\langle \psi_{j_1,k_1}^{\text{per}}, \psi_{j_2,k_2}^{\text{per}}\rangle &= 2^{j_1/2}2^{j_2/2}\int_0^1\sum_{l_1\in\mathbf{Z}}\psi(2^{j_1}x+2^{j_1}l_1-k_1)\sum_{l_2\in\mathbf{Z}}\psi(2^{j_2}x+2^{j_2}l_2-k_2)\mathrm{d}x \\
&= 2^{j_1/2}2^{j_2/2}\sum_{l_1\in\mathbf{Z}}\int_0^1\psi(2^{j_1}x+2^{j_1}l_1-k_1)\sum_{l_2\in\mathbf{Z}}\psi(2^{j_2}x+2^{j_2}l_2-k_2)\mathrm{d}x \\
&\overset{x+l_1=y}{=} 2^{j_1/2}2^{j_2/2}\sum_{l_1\in\mathbf{Z}}\int_{l_1}^{l_1+1}\psi(2^{j_1}y-k_1)\sum_{l_2\in\mathbf{Z}}\psi(2^{j_2}(y-l_1)+2^{j_2}l_2-k_2)\mathrm{d}y \\
&= 2^{j_1/2}2^{j_2/2}\sum_{l_1\in\mathbf{Z}}\int_{l_1}^{l_1+1}\psi(2^{j_1}y-k_1)\sum_{l_2\in\mathbf{Z}}\psi(2^{j_2}y+2^{j_2}l_2-k_2)\mathrm{d}y \\
&= 2^{j_1/2}2^{j_2/2}\int_{\mathbf{R}}\psi(2^{j_1}y-k_1)\sum_{l_2\in\mathbf{Z}}\psi(2^{j_2}y+2^{j_2}l_2-k_2)\mathrm{d}y \\
&= 2^{j_1/2}2^{j_2/2}\sum_{l_2\in\mathbf{Z}}\int_{\mathbf{R}}\psi(2^{j_1}y-k_1)\psi(2^{j_2}y+2^{j_2}l_2-k_2)\mathrm{d}y \\
&= \delta_{j_1,j_2}\delta_{k_1,k_2},\ 0\leqslant k_1\leqslant 2^{j_1-2},\ 0\leqslant k_2\leqslant 2^{j_2-1}
\end{aligned}$$

同理可证 $\langle \varphi_{j_0,k}^{\text{per}}, \psi_{j,l}^{\text{per}}\rangle=0$。

性质 2 $\forall f(x)\in L^2[0,1]$，有

$$\int_0^1 f(x)\psi_{j,k}^{\text{per}}(x)\mathrm{d}x==\int_{\mathbf{R}}\sum_{l\in\mathbf{Z}}f(y-l)\psi_{j,k}(y)\mathrm{d}y$$

证明
$$\int_0^1 f(x)\psi_{j,k}^{\text{per}}(x)\mathrm{d}x = \int_0^1 f(x)2^{j/2}\sum_{l\in\mathbf{Z}}\psi(2^j x + 2^j l - k)\mathrm{d}x$$
$$= 2^{j/2}\sum_{l\in\mathbf{Z}}\int_0^1 f(x)\psi(2^j(x+l)-k)\mathrm{d}x$$
$$\overset{x+l=y}{=} 2^{j/2}\sum_{l\in\mathbf{Z}}\int_l^{l+1} f(y-l)\psi(2^j y - k)\mathrm{d}y$$
$$= \int_{\mathbf{R}}\sum_{l\in\mathbf{Z}} f(y-l)\psi_{j,k}(y)\mathrm{d}y$$

$\sum_{l\in\mathbf{Z}} f(x-l)$ 表示将 $f(x)$ 作以 1 为周期的周期延拓。性质 2 表明，$L^2[0, 1]$ 上的函数 $f(x)$ 用周期小波展开，相当于对 $f(x)$ 作周期延拓，再用 $L^2(\mathbf{R})$ 上的小波展开。

周期化的缺点是：若 $f(x)$本身为非周期函数，则在端点 0、1 处会有人为不连续性，导致端点处小波系数衰减较慢，从而无法通过小波系数的衰减判定 $f(x)$在区间$[0, 1]$端点处的单边正则性。

3. 反射

对 $f(x)$在$[0, 1]$的端点 0、1 作镜面反射，然后在-1点和 2 点作第二次反射，依次类推，则得

$$f(x) = \begin{cases} f(2n-x), & 2n-1 \leqslant x \leqslant 2n \\ f(x-2n), & 2n \leqslant x \leqslant 2n+1 \end{cases}$$

如果原始的 $f(x)$在$[0, 1]$上连续，则延拓后的 $f(x)$连续，但在整数点上不能保证导数的连续性。将函数 $f(x)$反射后，用 $L^2(\mathbf{R})$上的小波基展开，等价于对 $L^2[0, 1]$上的 $f(x)$用 fold 小波展开。

定义 fold 小波：

$$\psi_{j,k}^{\text{fold}} = \sum_{l\in\mathbf{Z}}\psi_{j,k}(x-2l) + \sum_{l\in\mathbf{Z}}\psi_{j,k}(2l-x)$$

性质 1 若 $\psi_{j,k}$是 $L^2(\mathbf{R})$的规范正交小波基，则 $\psi_{j,k}^{\text{fold}}$在 $L^2[0, 1]$中不一定正交。

性质 2 若不用 $L^2(\mathbf{R})$中的规范正交小波基，而使用 $L^2(\mathbf{R})$中在$\frac{1}{2}$点对称或反对称的双正交小波基 $\psi_{j,k}$、$\tilde{\psi}_{j,k}$，则 $\psi_{j,k}^{\text{fold}}$和 $\tilde{\psi}_{j,k}^{\text{fold}}$仍为 $L^2[0, 1]$中的双正交函数。

性质 3 在$[0, 1]$上，尺度为 j 时，双正交多分辨分析中有 2^j 个小波函数。

性质 4 由于反射后 $f(x)$的导数在整点不连续，因此无法通过小波系数来刻画 f 的正则性。实际上至多可刻画 Lipschitz 正则性，即若 φ，$\psi\in C^r(r>1)$，则

$$f \in C^s[0, 1],\ 0 < s < 1 \Leftrightarrow \sup_{\substack{j\geqslant 0 \\ 0\leqslant k\leqslant 2^j-1}} 2^{j(s+\frac{1}{2})}\,|(f, \tilde{\psi}_{j,k}^{\text{fold}})| < \infty$$

4. Meyer 区间小波

从 Daubechies 的紧支规范正交尺度函数 φ 和小波函数 ψ 出发，假定 $\mathrm{supp}\varphi = \mathrm{supp}\psi = [-N+1, N]$，$\psi\in C^r$ 且具有 N 阶消失矩。当 j 足够大时，Meyer 构造的 V_j 有 $2N-2$ 个左边界尺度函数、2^j-2N+2 个内部尺度函数、$2N-2$ 个右边界尺度函数，即在尺度为 j 时，总共有 2^j+2N-2 个尺度函数。对 W_j 而言，Meyer 构造出 2^j-2N+2 个内部小波函数、$N-1$ 个左边界小波函数和 $N-1$ 个右边界小波函数，因此在尺度为 j 时，总的小波个数为 2^j。具体来说，Meyer 构造的尺度函数和小波函数的方法如下：

1）尺度函数的构造

内部尺度函数：保留支集全在[0，1]内的 $\varphi_{j,k}$，共有 2^j-2N+2 个。

左边界尺度函数 $\varphi_{j,k}^{\text{left}}$：跨越 0 点的 $\varphi_{j,k}$ 有 $2N-2$ 个，将其限制在[0，1]上后正交化，即把 $\varphi_{j,k}|_{[0,1]}$ 正交化。

右边界尺度函数 $\varphi_{j,k}^{\text{right}}$：与左边界尺度函数的构造方法相同。

2）小波函数的构造

内部小波函数：保留支集全在[0，1]内的 $\psi_{j,k}$，共有 2^j-2N+2 个。

左边界小波函数 $\psi_{j,k}^{\text{left}}$：跨越 0 点的 $\psi_{j,k}$ 有 $2N-2$ 个，其中 $N-1$ 个函数的大半个支集在[0，1]中，对这 $N-1$ 个函数作投影和正交化处理，得 $\psi_{j,k}^{\text{left}}$。

右边界小波函数 $\varphi_{j,k}^{\text{right}}$：与左边界小波函数的构造方法相同。

性质 1　$\{\psi_{j,k}^{\text{left}}, \psi_{j,k}, \psi_{j,k}^{\text{right}}\}$ 构成 $L^2[0,1]$ 的正交函数系，具有 N 阶消失矩，且具有 r 阶正则性。

性质 2　$\{\varphi_{j_0,k}^{\text{left}}, \varphi_{j_0,k}, \varphi_{j_0,k}^{\text{right}}\}_{k\in\mathbf{Z}}$ 和 $\{\psi_{j,k}^{\text{left}}, \psi_{j,k}, \psi_{j,k}^{\text{right}}\}_{j\geqslant j_0,k\in\mathbf{Z}}$ 构成 $L^2[0,1]$ 的规范正交基，这组基也是 Hölder 空间 $C^s[0,1]$，$s<r$ 的无条件基。

Meyer 区间小波的缺点是：在计算边界尺度函数和边界小波函数的过程中，所涉及的矩阵条件很多。最靠边的尺度函数其振荡性较强，且由于正交化过程，这种振荡性传递给了其他边界尺度函数。

5. Daubechies 区间小波

下面仅以[0，$+\infty$)上的小波为例来处理左边界，对右边界进行同样处理可以建立[0，1]上的小波基。

从 Daubechies 紧支小波出发，设 $\operatorname{supp}\varphi=\operatorname{supp}\psi=[-N+1, N]$，基本思路仍然是保留内部尺度函数加上适当的边界尺度函数，以确保尺度函数的线性组合能够精确地表示直到某阶的多项式。

（1）在 $j=0$ 尺度上，内部尺度函数 $\{\varphi_{0,k}\}_{k\geqslant N-1}$ 在[0，$+\infty$)上，但它的线性组合不能表示[0，$+\infty$)上的常数（因为当 $k\geqslant N-1$ 时，$\varphi_{0,k}(0)=\varphi(-k)=0$）。令

$$\varphi^0(x)=1-\sum_{k=N-1}^{\infty}\varphi(x-k)$$

则内部尺度函数 $\{\varphi_{0,k}\}_{k\geqslant N-1}$ 和边界函数 φ_0 可以表示[0，$+\infty$)上的常数。

因为 $\sum\limits_{k=-\infty}^{\infty}\varphi(x-k)=1$，所以

$$\varphi^0(x)=\sum_{k=-\infty}^{N-2}\varphi(x-k)=\sum_{k=-N+1}^{N-2}\varphi(x-k),\ 0\leqslant x\leqslant\infty$$

这表明 $\varphi_0(x)$ 有紧支集，$\varphi^0(x)$ 和内部尺度函数 $\varphi_{0,k}(x)$ 是正交的。

（2）下面讨论 MRA。因为

$$\varphi(x-k)=\sqrt{2}\sum_{l=2k-N+1}^{N+2k}h_{l-2k}\varphi(2x-l)$$

又

$$\varphi^0(x)=\varphi^0(2x)+\sum_{l=N-1}^{\infty}\varphi(2x-l)\Big[1-\sqrt{2}\sum_{k=N-1}^{\infty}h_{l-2k}\Big]$$

$$= \varphi^0(2x) + \sum_{l=N-1}^{3N-4} \varphi(2x-l)\Big[1-\sqrt{2}\sum_{k=\lceil (l-N)/2\rceil}^{\lceil (l+N-1)/2\rfloor} h_{l-2k}\Big]$$

这里当 $n<-N+1$ 或 $n>N$ 时，$h_n=0$，$\sum_n h_{2n}=\dfrac{1}{\sqrt{2}}=\sum_n h_{2n+1}$，所以

$$V_0^{\text{left}} = \overline{\text{span}\{\varphi^0,\ \varphi_{0,k}\}_{k\geqslant N-1}} \subset \overline{\text{span}\{\varphi^0(2x),\ \varphi_{1,k}\}_{k\geqslant N-1}} = V_1^{\text{left}}$$

(3) 如果要表示$[0, +\infty)$上的 L 阶多项式，则要在边界上加上 $L+1$ 个函数。如果在区间$[0, 1]$上考虑，则要取 j 足够大，同时要考虑右边界尺度函数的处理。应用中，在 j 尺度上，希望有 2^j 个尺度函数来表示 $L^2[0, 1]$上的函数。因为有 2^j-2N+2 个内部尺度函数，所以左右两边可以各加 $N-1$ 个边界尺度函数，这样最多可以表示 $N-2$ 次多项式。

我们知道，在 $L^2(\mathbf{R})$中，尺度函数基 $\varphi_{j,k}$ 可以表示直到 $N-1$ 次多项式，为此去掉最边上的两个内部尺度函数(左、右边各去掉一个)，给边界各加上一个边界尺度函数。具体来说，在半直线情形下，除了多去掉一个内部尺度函数以外，几乎是重复上述(1)、(2)、(3)的推导，简述如下：

(4) 在 $j=0$ 尺度上，内部尺度函数为$\{\varphi_{0,k}\}_{k\geqslant N}$，边界尺度函数有 N 个：$\tilde{\varphi}^k$，$k=0, 1, \cdots, N-1$，则

$$\tilde{\varphi}^k(x) = \sum_{n=0}^{2N-2}\binom{n}{k}\varphi(x+n-N+1)$$

显然有

$$\text{supp}\tilde{\varphi}^k = [0,\ 2N-1-k]$$

它们是紧支的、线性无关的，而且与 $\varphi_{0,m}$，$m\geqslant N$ 一起能够生成$[0, +\infty)$上直到 $N-1$ 次的多项式。对 $\tilde{\varphi}^k$ 进行规范正交化，从 $\tilde{\varphi}^{N-1}$ 开始直到 $\tilde{\varphi}^0$，生成 φ_k^{left}，$k=0\sim N-1$，且 $\text{supp}\varphi_k^{\text{left}}=[0, N+k]$。正交化的过程可能出现病态阵，解决的办法是利用关系：

$$\tilde{\varphi}^k(x) = \sum_{l=0}^{k} a_{kl}\tilde{\varphi}^l(2x) + \sum_{m=N}^{3N-2-2k} b_{k,m}\varphi(2x-m)$$

以避免病态的产生。

(5) 有双尺度关系：

$$\tilde{\varphi}_{j,k}^{\text{left}} = \sum_{l=0}^{N-1} H_{k,l}^{\text{left}}\tilde{\varphi}_{j+1,l}^{\text{left}} + \sum_{m=N}^{N+2k} h_{k,m}^{\text{left}}\varphi_{j+1,m}$$

(6) 若在区间$[0, 1]$上考虑，则取 j 足够大，同时考虑右边界尺度函数的处理。这样，V_j 有 2^j 个尺度函数(2^j-2N)个内部尺度函数，N 个左边界尺度函数和 N 个右边界尺度函数)，可以表示 $N-1$ 次多项式。

下面来讨论小波基的生成。

因为 $W_j \oplus V_j = V_{j+1}$，所以 W_j 的维数为 2^j。若去掉支集全在$[0, 1]$中的小波的最边上的两个，则共有 2^j-2N 个，需要加 $2N$ 个边界小波，每个边加 N 个。下面仍以$[0, \infty)$的左边界为例来说明。

定义 $W_j^{\text{left}} \oplus V_j^{\text{left}} = V_{j+1}^{\text{left}}$，现在要构造 W_j^{left} 的小波基，$\{\psi_{j,m}\}_{m\geqslant N}$ 全部保留下来，要找的只是 N 个左边界小波。

定义：

$$\tilde{\psi}^k = \varphi_{1,k}^{\text{left}} - \sum_{m=0}^{N-1}\langle\varphi_{1,k}^{\text{left}},\ \varphi_{0,m}^{\text{left}}\rangle\varphi_{0,m}^{\text{left}},\qquad k=0,\ 1,\ \cdots,\ N-1$$

则 $\widetilde{\psi}^k$ 为 W_0^{left} 中 N 个线性无关函数，且与 $\psi_{0,m}(m\geqslant N)$ 正交，将 $\widetilde{\psi}^k$ 正交化得 ψ_k^{left}，$k=0, 1, \cdots, N-1$。

性质 1 $\{\psi_k^{\text{left}}\}_{k=0}^{N-1}\cup\{\psi_{0,m}\}_{m\geqslant N}$ 构成 W_0 的规范正交基。

性质 2 有如下双尺度关系：

$$\psi_{j,k}^{\text{left}}=\sum_{l=0}^{N-1}G_{k,l}^{\text{left}}\varphi_{j+1,l}^{\text{left}}+\sum_{m=N}^{N+2k}g_{k,m}^{\text{left}}\varphi_{j+1,m}$$

类似地，可建立 $\psi_{j,k}^{\text{right}}$ 构成 $L^2[0, 1]$上的小波基。

性质 3 如果 $\varphi, \psi\in C^r$，则上述构造也是 $C^s[0, 1]$的无条件基($s<r$)，即

$$f\in C^s[0, 1]\Leftrightarrow|\langle f, \psi_{j,k}^{\text{left}}\rangle, \langle f, \psi_{j,m}\rangle, \langle f, \psi_{j,k}^{\text{right}}\rangle|\leqslant c2^{-j(s+1/2)}$$

性质 4 边界尺度函数的振荡比 Meyer 区间小波中边界尺度函数的振荡小。

性质 5 Daubechies 区间小波没有解析表达式，所有性质均由系数 $H_{k,l}^{\text{left}}$、$h_{k,m}^{\text{left}}$、$G_{k,l}^{\text{left}}$、$g_{k,m}^{\text{left}}$来刻画。

构造区间小波的方法还有很多。除了在 $L^2(\mathbf{R})$上的小波的基础上修改以外，也可以直接构造 $L^2(I)$上的 MRA 和小波函数使其具有所需要的各种性质，另外 Soblev 空间$H^1(I)$、$H^2(I)$中的 MRA 和小波函数也已经构造出来，并用于偏微分方程的数值解。

7.4 高维小波

本节主要以二维为例介绍由一维小波构造高维小波的方法，需要用到以下记号和相关结论。

二维平方可积函数空间 $L^2(\mathbf{R}^2)=\left\{f(x_1, x_2):\iint_{\mathbf{R}^2}|f(x_1, x_2)|^2\mathrm{d}x_1\mathrm{d}x_2<\infty\right\}$中内积和范数定义为：$(f, g)=\iint_{\mathbf{R}^2}f(x_1, x_2)\overline{g(x_1, x_2)}\mathrm{d}x_1\mathrm{d}x_2$，$\|f\|=\sqrt{(f, f)}$。二维伸缩算子定义为 $T_{j_1, j_2}f(x_1, x_2)=f(2^{j_1}x_1, 2^{j_2}x_2)$ 或 $T_jf(x_1, x_2)=f(2^jx_1, 2^jx_2)$。对两个一维函数 $f_1(x), f_2(x)\in L^2(\mathbf{R})$，定义其张量积$(f_1\otimes f_2)(x_1, x_2)=f_1(x_1)f_2(x_2)\in L^2(\mathbf{R}^2)$，满足下面积分性质：

$$\iint_{\mathbf{R}^2}(f_1\otimes f_2)(x_1, x_2)\mathrm{d}x_1\mathrm{d}x_2=\int f_1(x_1)\mathrm{d}x_1\int f_2(x_2)\mathrm{d}x_2$$

对两个一维闭子空间 $X_1, X_2\subset L^2(\mathbf{R})$，定义 $L^2(\mathbf{R}^2)$的闭子空间：

$$X_1\otimes X_2=\{(f_1\otimes f_2)(x_1, x_2):f_1\in X_1, f_2\in X_2\}$$

对上述空间和函数，我们有下列结论：

(1) $L^2(\mathbf{R})\otimes L^2(\mathbf{R})$在 $L^2(\mathbf{R}^2)$中稠密。

(2) 设$\{f_s\}_{s\in A_1}$，$\{g_s\}_{s\in A_2}$分别构成 X_1、X_2 的规范正交基，则$\{f_{s_1}\otimes g_{s_2}\}_{(s_1, s_2)\in A_1\otimes A_2}$构成 $X_1\otimes X_2$ 的规范正交基。

由一维函数构造高维函数最自然的方法是利用张量积。本节介绍两种利用张量积构造二维小波的方法：一种是利用一维小波函数的张量积构造二维小波函数；另一种是利用多分辨分析的张量积构造二维多分辨分析，再由二维多分辨分析构造二维小波。后者又称尺度函数的张量积形式。

1. 利用一维小波的张量积构造二维小波

定理 7.5 设 $\psi_1(x)$、$\psi_2(x)$是 $L^2(\mathbf{R})$的两个规范正交小波(ψ_1、ψ_2 可以相同，也可以不同)，定义

$$\psi(x_1, x_2) = (\psi_1 \otimes \psi_2)(x_1, x_2) = \psi_1(x_1)\psi_2(x_2)$$
$$\psi_{j_1, j_2; k_1, k_2}(x_1, x_2) = 2^{j_1/2}\psi_1(2^{j_1}x_1 - k_1)2^{j_2/2}\psi_2(2^{j_2}x_2 - k_2)$$

则

$$\{2^{(j_1+j_2)/2}\psi(2^{j_1}x_1 - k_1, 2^{j_2}x_2 - k_2)\}_{j_1, j_2, k_1, k_2 \in \mathbf{Z}} \tag{7.27}$$

构成 $L^2(\mathbf{R}^2)$的规范正交基。

式(7.27)中的小波基在许多场合有很好的应用，它的优点之一是整个规范正交基是通过一个函数 $\psi(x_1, x_2) \in L^2(\mathbf{R}^2)$的伸缩和平移得到的，正交基中的任何一个都具有式(7.27)的统一形式。然而在另外一些应用问题中，这种规范正交基表现出很大的缺点，主要的原因是 j_1 和 j_2 是完全不相干的，基函数在不同方向上可能具有完全不同的衰减性。例如，当 $\psi_1 = \psi_2$ 均为 Haar 小波时，每个基函数的支集均为长方形，其中既有像$[0, 2^n]\times[0, 2^n]$这样的正方形，也有像$[0, 1]\times[0, 2^n]$这样的长窄条，这种不同方向上的不均匀性有时会带来很大的麻烦。解决方法就是不用小波函数的张量积，而用多分辨分析的张量积。

2. 利用多分辨分析的张量积构造二维小波

设有 $L^2(\mathbf{R})$的 2 个 MRA：$(\{V_j^1\}, \varphi^1, \psi^1)$，$(\{V_j^2\}, \varphi^2, \psi^2)$(可以相同或不同)，定义空间 $U_j = V_j^1 \otimes V_j^2 \subset L^2(\mathbf{R}^2)$，则$\{U_j\}_{j\in\mathbf{Z}}$满足多分辨分析的以下条件：

(1) $\cdots U_0 \subset U_1 \subset U_2 \subset \cdots \subset L^2(\mathbf{R}^2)$。

(2) $\overline{\bigcup\limits_{j\in\mathbf{Z}} U_j} = L^2(\mathbf{R}^2)$，$\bigcap\limits_{j\in\mathbf{Z}} U_j = \{0\}$。

(3) $f(x_1, x_2) \in U_j \Leftrightarrow f(2^{-j}x_1, 2^{-j}x_2) \in U_0$。

(4) $f(x_1, x_2) \in U_j \Leftrightarrow f\left(x_1 - \frac{k_1}{2^j}, x_2 - \frac{k_2}{2^j}\right) \in U_j$。

(5) $\Phi(x_1, x_2) = (\varphi^1 \otimes \varphi^2)(x_1, x_2) = \varphi^1(x_1)\varphi^2(x_2)$的整数平移系：

$$\{\Phi(x_1 - k_1, x_2 - k_2) = \varphi^1(x_1 - k_1)\varphi^2(x_2 - k_2)\}_{k_1, k_2 \in \mathbf{Z}}$$

构成 U_0 的规范正交基。

显然，两个一维尺度函数的张量积 $\Phi(x_1, x_2) = (\varphi^1 \otimes \varphi^2)(x_1, x_2)$ 构成一个二维尺度函数，且 $\{\Phi_{j; k_1, k_2} = \varphi^1_{j, k_1} \otimes \varphi^1_{j, k_2} = 2^{j/2}\varphi^1(2^j x_1 - k_1)2^{j/2}\varphi^2(2^j x_2 - k_2)\}_{k_1, k_2 \in \mathbf{Z}}$构成 U_j 的规范正交基。

因为 $V_{j+1}^1 = V_j^1 \oplus W_j^1$，$V_{j+1}^2 = V_j^2 \oplus W_j^2$，所以有

$$\begin{aligned} U_1 &= V_1^1 \otimes V_1^2 = (V_0^1 \oplus W_0^1) \otimes (V_0^2 \oplus W_0^2) \\ &= (V_0^1 \otimes V_0^2) \oplus (V_0^1 \otimes W_0^2) \oplus (W_0^1 \otimes V_0^2) \oplus (W_0^1 \otimes W_0^2) \\ &= U_0 \oplus (V_0^1 \otimes W_0^2) \oplus (W_0^1 \otimes V_0^2) \oplus (W_0^1 \otimes W_0^2) \end{aligned}$$

由张量积的性质知，$\{\psi^1(x_1 - k)\psi^2(x_2 - l)\}_{k, l \in \mathbf{Z}}$ 是 $W_0^1 \otimes W_0^2$ 的规范正交基，$\{\psi^1(x_1 - k)\varphi^2(x_2 - l)\}_{k, l \in \mathbf{Z}}$ 是 $W_0^1 \otimes V_0^2$ 的规范正交基，$\{\varphi^1(x_1 - k)\psi^2(x_2 - l)\}_{k, l \in \mathbf{Z}}$ 是 $V_0^1 \otimes W_0^2$ 的规范正交基。这表明，有三个小波函数 $\Psi^1 = \varphi^1 \otimes \psi^2$，$\Psi^2 = \psi^1 \otimes \varphi^2$，$\Psi^3 = \psi^1 \otimes \psi^2$，使得$\{\Psi^i(2^j x_1 - k, 2^j x_2 - l), j, k, l \in \mathbf{Z}, i = 1, 2, 3\}$构成 $L^2(\mathbf{R}^2)$的规范正交基。

3. 二维分解、重构算法

当 φ^1、ψ^1、φ^2、ψ^2 都是紧支函数时，$\Phi=\varphi^1\otimes\varphi^2$ 与 $\Psi^i(i=1, 2, 3)$都是紧支撑的。为简单起见，假定 $\varphi^1=\varphi^2$，$\psi^1=\psi^2$。和一维时一样，可以建立 Mallat 算法以实现快速的小波系数之间的转换。所不同的是，现在的初始系数 $\boldsymbol{c}^J$ 是一个二维矩阵，而不像一维时是一个一维向量，同时 U_J 中的系数矩阵将分解为四个矩阵块，分别为 U_{J-1} 中的 $\boldsymbol{c}^{J-1}$，$V_{J-1}^1\otimes W_{J-1}^2$ 中的 $\boldsymbol{d}^{1,J-1}$，$W_{J-1}^1\otimes V_{J-1}^2$ 中的 $\boldsymbol{d}^{2,J-1}$ 和 $W_{J-1}^1\otimes W_{J-1}^2$ 中的 $\boldsymbol{d}^{3,J-1}$。对 U_{J-1} 中的 $\boldsymbol{c}^{J-1}$，可以继续分解下去，图 7.12 给出了一个二层分解的示意图。这种分解在图像处理中有着广泛的应用。图 7.13 给出了一个图像进行一次、二次、三次分解的结果。

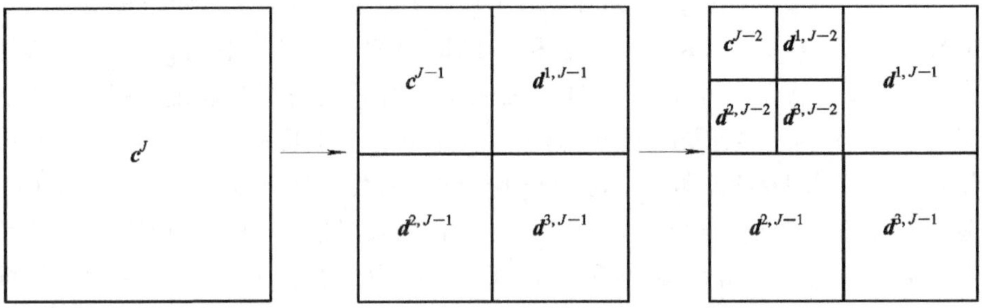

图 7.12 二维 Mallat 分解的示意图

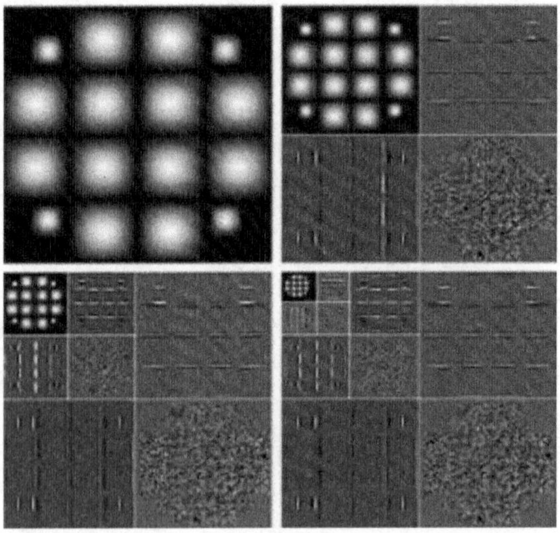

图 7.13 图像进行一次、二次、三次小波分解的示意图(左上为原图，右上为一次分解，左下为二次分解，右下为三次分解)

第 8 章　稀疏表示与字典学习

小波级数在逼近具有点奇异性的一维函数或信号时能达到最优的逼近阶，这一性质可以推广到二维以及更高维。然而，二维信号(例如自然图像)不仅仅包含点奇异性，其不连续性往往体现为光滑曲线上的奇异性，或称为线奇异，也就是沿曲线切向是连续的，沿法向奇异。对于一个二阶可导的光滑曲线奇异函数，小波级数的非线性逼近的误差只能达到 N^{-1} 的衰减级(N 为小波级数中非零系数的个数)，其中重要的原因是二维可分离小波基只具有有限的方向，即水平、垂直、对角。方向性的缺乏使得小波本身并不能充分利用图像本身的几何正则性。

由两个相同的一维小波张成的二维小波基具有正方形的支撑区间，在不同分辨率下，其支撑区间为不同尺寸大小的正方形。二维小波逼近奇异曲线的过程，最终表现为用点来逼近线的过程。在尺度 j，小波支撑区间近似地变成 2^{-j}，幅值超过 2^{-j} 的小波系数的个数至少为 $O(2^j)$ 阶，当尺度变细时，非零小波系数的个数以指数形式增长，出现了大量不可忽略的系数，最终表现为不能稀疏表示原函数。

我们希望变换基的支撑区间表现为长条形。这种变换能充分利用原函数的几何正则性，以达到用最少的系数来逼近奇异曲线。基的长条形支撑区间实际上是方向性的一种体现，也称这种基具有各向异性。我们所希望的这种变换就是多尺度几何分析，包括脊波变换、曲线波变换等，将分别在 8.1 节和 8.2 节介绍。

傅里叶变换、小波变换、脊波变换、曲线波变换等都是在给定的完备的规范正交基或框架上对信号进行分解的，它们对特定的信号有稀疏表达，如傅里叶变换对光滑信号，小波变换对点奇异信号，脊波变换对直线奇异图像，曲线波变换对曲线奇异图像等。但是，如果某种信号的特征与基函数或框架不完全匹配，或者信号本身既有点奇异又有线奇异，则用固定的基函数或框架所获得的分解结果就不一定能获得最优的稀疏表示。

在此基础上，Mallat 和 Zhang 于 1993 年率先提出了信号基于过完备原子库(下文称为过完备字典，其元素称为原子)的分解思想。在这种分解中，用于表示信号的字典可以由多组基或框架构成，而原子可以根据信号特征自适应地选取，得到非常简洁的表达。这种在变换域用尽可能少的原子来准确表示原始信号的方法称为信号的稀疏表示。随着稀疏表示研究的深入，信号稀疏表示的研究很快从一维信号推广到二维图像的稀疏表示上。特别是近年来在工程领域与数学领域同时兴起的压缩传感与稀疏理论，使得稀疏表示理论的研究越来越得到人们的重视。8.3 节将介绍稀疏表示和字典学习的相关理论。

8.1　脊　　波

1. 脊波

Candès 提出的脊波变换首先将二维函数中的直线奇异转化为点奇异，然后用小波进行分析，它对含直线奇异的二维或高维函数能获得最优的非线性逼近阶。

在 $\mathbf{R}^2$ 上的二维连续脊波变换可以用下面的方法定义。设单变量函数 $\psi: \mathbf{R}\to\mathbf{R}$ 是一个快速衰减的光滑函数，且满足容许条件：

$$\int |\hat{\psi}(\xi)|^2 \ |\xi|^{-2}\mathrm{d}\xi < \infty \tag{8.1}$$

不妨设 $\int |\hat{\psi}(\xi)|^2 \ |\xi|^{-2}\mathrm{d}\xi = 1$，即 ψ 是规范化函数。如果 ψ 还满足 $\int\psi(t)\,\mathrm{d}t = 0$，就称 ψ 具有一阶消失矩。

定义 8.1　对任意的正实数 a 与实数 b，和任意的 $\theta\in[0, 2\pi)$，定义脊波 $\psi_{a, b, \theta}$：$\mathbf{R}^2\to\mathbf{R}^2$ 为

$$\psi_{a, b, \theta}(x) = a^{-1/2}\psi((x_1 \cos\theta + x_2 \sin\theta - b)/a) \tag{8.2}$$

该函数沿着直线 $x_1 \cos\theta + x_2 \sin\theta = \mathrm{const}$ 是常数，这样的函数称为脊函数。

定义 8.2　对于可积和平方可积的函数 $f(x)$，定义其脊波变换为

$$R_f(a, b, \theta) = \int\psi_{a, b, \theta}(x)f(x)\mathrm{d}x, \quad a > 0, a, b \in \mathbf{R}, \theta \in [0, 2\pi)$$

$f(x)$ 的精确重构公式为

$$f(x) = \int_0^{2\pi}\int_{-\infty}^{\infty}\int_0^{\infty} R_f(a, b, \theta)\psi_{a, b, \theta}(x) \frac{\mathrm{d}a}{a^3}\mathrm{d}b \frac{\mathrm{d}\theta}{4\pi} \tag{8.3}$$

且满足如下 Parseval 恒等式：

$$\int |f(x)|^2 \mathrm{d}x = \int_0^{2\pi}\int_{-\infty}^{\infty}\int_0^{\infty} |R_f(a, b, \theta)|^2 \frac{\mathrm{d}a}{a^3}\mathrm{d}b \frac{\mathrm{d}\theta}{4\pi} \tag{8.4}$$

脊波变换可以看成 Radon 域的小波变换。实际上，函数 f 的 Radon 变换是它在不同角度 θ 的直线上的积分，即

$$R_f(\theta, t) = \int f(x_1, x_2)\delta(x_1 \cos\theta + x_2 \sin\theta - t)\mathrm{d}x_1\mathrm{d}x_2 \tag{8.5}$$

其中，$(\theta, t)\in[0, 2\pi)\times\mathbf{R}$，$\delta$ 是 Dirac 函数。函数 f 的脊波系数 $R_f(a, b, \theta)$ 是其 Radon 变换的小波积分变换，即

$$R_f(a, b, \theta) = \int Rf(\theta, t)a^{-1/2}\psi\left(\frac{(t-b)}{a}\right)\mathrm{d}t \tag{8.6}$$

因此脊波变换可以理解为对 Radon 变换中的变量 t 作一维小波变换。

脊波 $\psi_{a, b, \theta}$ 不属于 $L^2(\mathbf{R}^2)$，这给相关的理论分析和脊波变换的数字实现带来了困难。因此 Donoho 构造了 $L^2(\mathbf{R}^2)$ 的一组规范正交基，并称之为正交脊波。与脊波不同，正交脊波已经不再是脊函数，不再具有 $\psi_{a, b, \theta}(x) = a^{-1/2}\cdot\psi[(x_1\cos\theta + x_2\sin\theta - b)/a]$ 的形式。正交脊波多了局域化的特点，在空域光滑并且快速衰减，在频域中其支撑区间为某个局部的“径向频率×角度频率”区间。

2. 正交脊波

正交脊波是由 $(w_{i_0, l}^0(\theta), l = 0, 1, \cdots, 2^i - 1; w_{i, l}^1(\theta), i \geqslant i_0, l = 0, 1, \cdots, 2^i - 1)$ 生成的一组规范正交基，其中 $w_{i_0, l}^0(\theta)$ 是周期化的 Lemarie 尺度函数，$w_{i, l}^1(\theta)$ 是周期化的 Meyer 小波。正交脊波 $\rho_\lambda(x)$，$\lambda = (j, k; i, l, \varepsilon)$ 在频域中定义为

$$\hat{\rho}_\lambda(\xi) = |\xi|^{-\frac{1}{2}} \frac{\hat{\psi}_{j, k}(|\xi|)w_{i, l}^\varepsilon(\theta) + \hat{\psi}_{j, k}(-|\xi|)w_{i, l}^\varepsilon(\theta + \pi)}{2} \tag{8.7}$$

其中，j，$k\in\mathbf{Z}$，$l=0$，1，…，$2^{i-1}-1$，$i\geqslant i_0$，$i\geqslant j$。可以证明，$\rho_\lambda(x)$构成$L^2(\mathbf{R}^2)$中的一组完备的规范正交基。

脊波变换是 Radon 域的小波变换，正交脊波变换也可以利用 Radon 变换来实现。借助于快速 Slant Stack 方法，Donoho 等人结合 Meyer 小波建立了相应的数字正交脊波算法。

下面首先介绍快速 Slant Stack 方法。设图像空间为 H，对于给定的图像 $I(u,v)_{n\times n}\in H$，将直线分为两组：一组称为水平直线组，直线方程为 $y=sx+z$，其斜率为$|s|\leqslant 1$；另一组称为垂直直线组，直线方程为 $x=sy+z$，其斜率为$|s|>1$，如图 8.1 所示。定义水平直线组的离散 Radon 变换为

$$\mathrm{Radon}(\{y=sx+z\},I)=\sum_u \widetilde{I}^1(u,su+z)$$

其中，$\widetilde{I}^1$ 是原始图像在 v 上的插值，其计算式为

$$\widetilde{I}^1(u,y)=\sum_{v=-\frac{n}{2}}^{\frac{n}{2}-1} I(u,v)D_m(y-v)$$

其中，$m=2n$，插值核为

$$D_m(t)=\cot\left(\frac{\pi t}{m}\right)\sin\frac{\pi t}{m}-i\sin\frac{\pi t}{m}$$

同理，对于垂直直线组，定义其离散 Radon 变换为

$$\mathrm{Radon}(\{x=sy+z\},I)=\sum_u \widetilde{I}^2(sv+z,v)$$

其中：

$$\widetilde{I}^2(x,v)=\sum_{u=-\frac{n}{2}}^{\frac{n}{2}-1} I(u,v)D_m(x-u)$$

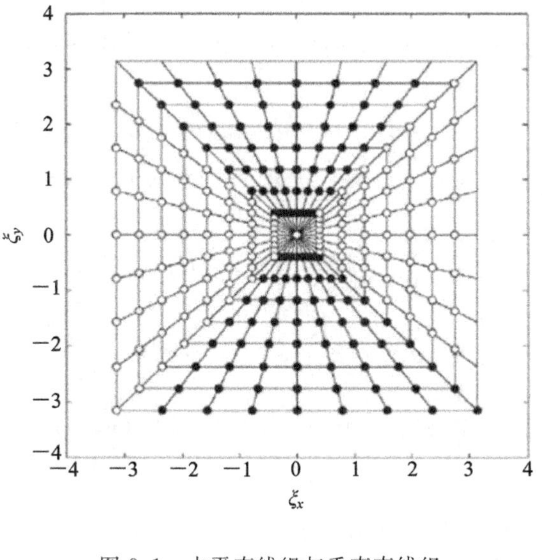

图 8.1　水平直线组与垂直直线组

Slant Stack 算子 S：$L^2(\mathrm{d}x)\rightarrow L^2(\mathrm{d}t\mathrm{d}\theta)$的定义为：

$$(SI)(t,\theta)=\mathrm{Radon}(\{y=\tan(\theta)+t\},I),\quad \theta\in\left[-\frac{\pi}{4},\frac{\pi}{4}\right]$$

$$(SI)(t,\theta)=\mathrm{Radon}(\{x=\cot(\theta)y+t\},I),\quad \theta\in\left[\frac{\pi}{4},\frac{3}{4}\pi\right]$$

它将 $n\times n$ 的矩阵 I 映为 $2n\times 2n$ 的矩阵 SI。由 S 可以定义其共轭算子 S^*，它将 $2n\times 2n$ 的矩阵映为 $n\times n$ 的矩阵。可以用投影切片定理给出计算 S、S^* 的快速算法。对于大小为 $n\times n$ 的图像，计算量均为 $O(N\log N)$，其中 $N=n^2$。

设 $\psi_{j,k}(t)\equiv\psi_{j,k}(t;m)$ 是 m 点离散周期 Meyer 小波，这里 t 为离散变量 $-\frac{m}{2}\leqslant t<\frac{m}{2}$，$J_0\leqslant j<\log m$，$0\leqslant k<2^j$。对 $\psi_{j,k}(t;m)$ 作离散傅立叶变换得

$$c_w^{j,k}=\sum_{t=-\frac{m}{2}}^{\frac{m}{2}-1}\psi_{j,k}(t;m)\exp\left(\left(-\mathrm{i}\frac{2\pi}{m}\right)wt\right)$$

再作傅里叶逆变换得

$$\psi_{j,k}(t)=\frac{1}{m}\sum_{w=-\frac{m}{2}}^{\frac{m}{2}-1}c_w^{j,k}\exp\left(\left(\mathrm{i}\frac{2\pi}{m}\right)wt\right)$$

这样从离散 Meyer 小波插值得到了一个新的函数 $\psi_{j,k}(t)$，它在所有实数上都有取值。进一步，可以定义分数阶微分的 Meyer 小波为

$$\widetilde{\psi}_{j,k}(t)=\frac{1}{m}\sum_{w=-\frac{m}{2}}^{\frac{m}{2}-1}\delta_w\cdot c_w^{j,k}\cdot\exp\left(\left(\mathrm{i}\frac{2\pi}{m}\right)wt\right)$$

其中：

$$\delta_w=\begin{cases}\sqrt{2w/m}, & w\neq 0\\ \sqrt{1/(4m)}, & w=0\end{cases}$$

定义 8.3　设 n 为给定的正整数，数字脊波 $\rho_{j,k,s,l}$ 是一个 $n\times n$ 的方阵，由以下公式给出：

$$\rho_{j,k,s,l}(u,v)=\widetilde{\psi}_{j,k}(u+\tan(\theta_l^s)v),\quad s=1$$

$$\rho_{j,k,s,l}(u,v)=\widetilde{\psi}_{j,k}(v+\cot(\theta_l^s)u),\quad s=2$$

其中：

$$\theta_l^1=\arctan\left(\frac{2l}{n}\right),\quad -\frac{n}{2}\leqslant l<\frac{n}{2}$$

$$\theta_l^2=\operatorname{arccot}\left(\frac{2l}{n}\right),\quad -\frac{n}{2}\leqslant l<\frac{n}{2}$$

定义 8.4　数字脊波分解算子 R 将 $n\times n$ 的图像 $\left(I(u,v):-\frac{n}{2}\leqslant u,v\leqslant\frac{n}{2}\right)$ 变换为 $4n^2$ 个脊波系数：

$$RI=(\langle I,\rho_\lambda\rangle;\lambda\in\mu,\mu=(j,k,s,l))\tag{8.8}$$

以下的定理说明了数字脊波变换 R 和离散 Slant Stack 变换 S 以及 Meyer 小波变换 W 之间的关系。

定理 8.1　数字脊波变换等价于做 Radon 变换后关于 t 做一维小波变换，即

$$(RI)(j,k,s,l)=(SI(\cdot,s,l),\psi_{j,k}(\cdot)) \tag{8.9}$$

设 R 的共轭算子为 R^*，则 $R^*=S^*\cdot W^{-1}$，W^{-1} 为 Meyer 小波重构算子，S^* 为 S 的共轭算子。

小波变换的计算量为 $O(N)$，S 和 S^* 的计算量为 $O(N\log N)$，所以脊波变换 R 与共轭脊波变换 R^* 的计算量为 $O(N\log N)$。由于相邻方向的数字脊波会产生很大的内积，因此我们不能期望脊波系数有很快的衰减。可以考虑再对行做小波变换，那么就可以得到所谓的“伪极正交脊波”。

8.2 曲 线 波

曲线波变换是由脊波变换发展出来的，它由一种特殊的滤波过程和多尺度脊波变换组合而成。首先，它对图像进行子带分解，将图像分解为不同频率的子带。对于低通图像，进行小波分析；对于带通图像，进行多尺度脊波分析。曲线波基的支撑区间具有性质：width≈lenth^2，比起小波变换中的各向同性尺度关系，它具有各向异性尺度关系，这使得它对具有曲线间断的函数有很好的逼近效果。因此，曲线波变换在图像去噪、增强和压缩等方面都有很大的潜力。

1. 连续曲线波变换

曲线波是脊波的衍生物。单尺度脊波变换的基本尺度是固定的，而曲线波变换则不然，它在所有可能的尺度上进行分解。曲线波变换是由一种特殊的滤波过程和多尺度脊波变换组合而成的。

下面首先介绍多尺度脊波。设 Q 表示二进分块 $Q=[k_1/2^s,(k_1+1)/2^s]\times[k_2/2^s,(k_2+1)/2^s]$并且设 Ω 是这些分块的集合。用 Ω_s 表示尺度为 s 的所有分块。对于 $Q\in\Omega_s$，用如下方法进行光滑化。设 w 是一个光滑窗，满足 $\sum\limits_{k_1,k_2}w^2(x_1-k_1,x_2-k_2)=1$，定义伸缩算子：

$$T_Q g=2^s g(2^s x_1-k_1,2^s x_2-k_2)$$

当 s 固定时，称集合

$$\{\psi^Q_{a,b,\theta}(x_1,x_2)=w_Q(x_1,x_2)(T_Q\rho_\lambda)(x_1,x_2),Q\in\Omega_s,\lambda\in\Lambda\}$$

为尺度为 s 的单尺度脊波，其中 $\rho_\lambda(x)(\lambda\in\Lambda)$ 就是前面描述的正交脊波。不难证明，集合 $\{\psi^Q_{a,b,\theta},Q\in\Omega_s,a>0,b\in\mathbf{R},\theta\in[0,2\pi)\}$ 构成 $L^2(\mathbf{R}^2)$ 上的一个紧框架。因此，有

$$f=\sum_{Q\in\Omega_s}\sum_{\lambda}\langle f,\psi^Q_{a,b,\theta}\rangle\psi^Q_{a,b,\theta}$$

及 Parseval 关系：

$$\|f\|_2^2=\sum_{Q\in\Omega_s}\sum_{\lambda}|\langle f,\psi^Q_{a,b,\theta}\rangle|^2 \tag{8.10}$$

曲线波变换是由多尺度脊波合并带通滤波器得到的。设所用的滤波器为 Φ_0，$\Psi_{2s}(s=0,1,2,\cdots)$，这些滤波器满足：

(1) Φ_0 是一个低通滤波器，并且其通带为 $|\xi|\leqslant 1$。

(2) Ψ_{2s} 是带通滤波器，通带范围为 $|\xi|\in[2^{2s},2^{2s+2}]$。

(3) 所有滤波器满足 $|\hat{\Phi}_0(\xi)|^2+\sum_{s\geqslant 0}|\hat{\Psi}_{2s}(\xi)|^2=1$。

滤波器组将函数 f 映射为

$$f \to (P_0 f=\Phi_0 * f,\ \Delta_0 f=\Psi_0 * f,\ \cdots,\ \Delta_s f=\Psi_{2s} * f,\ \cdots) \tag{8.11}$$

且满足：

$$\| f \|_2^2=\| P_0 f \|_2^2+\sum_{s\geqslant 0}\| \Delta_s * f \|_2^2$$

于是定义曲线波变换系数为

$$\alpha_\mu=\langle \Delta_s f,\ \psi_{a,b,\theta}^Q \rangle$$

注意，这里滤波器和多尺度正交脊波的对应关系保持 $2^{-2s}\sim 2^{-s}$。曲线波的集合构成 $L^2(\mathbf{R}^2)$上的一个紧框架：

$$\| f \|_2^2=\sum_{\mu\in M}|\langle f,\ \sigma_\mu \rangle|^2$$

其中，$\sigma_\mu=\Delta_s\psi_{a,b,\theta}^Q$为曲线波。分解-重构公式为

$$f=\sum_{\mu\in M}\langle f,\ \sigma_\mu \rangle\sigma_\mu$$

定理 8.2 设 $g\in W_2^2(\mathbf{R}^2)$，令 $f(x)=g(x)1_{\{x_2\leqslant\gamma(x_1)\}}$，其中曲线 γ 二阶可导，则函数 f 的曲线波变换的 M 项非线性逼近 $Q_M^C(f)$能达到误差界：

$$\| f-Q_M^C(f) \|_2^2 \leqslant CM^{-2}(\log M)^{1/2} \tag{8.12}$$

可见，曲线波变换对于二阶可导函数已经达到了一种“几乎最优”的逼近阶，最优逼近阶应该是 $O(M^{-2})$，式(8.12)中$(\log M)^{1/2}$项的出现是称为“几乎最优”的理由。

曲线波变换的一个最核心的关系是曲线波基的支撑区间有：

$$\text{width}\approx\text{length}^2 \tag{8.13}$$

我们称这个关系为各向异性尺度关系，这一关系表明曲线波是一种具有方向性的基原子。事实上，曲线波变换是一种多分辨、带通、方向的函数分析方法，符合生理学研究指出的“最优”的图像表示方法应该具有的三种特征。这也是曲线波变换之所以具有好的非线性逼近能力的一个原因。

2. 数字曲线波变换

数字曲线波变换由以下几步构成：① 子带分解；② 分块并光滑化；③ 归一化；④ 脊波分析。

我们用以下方法来实现数字曲线波变换。

(1) 子带分解：设图像大小为 256×256，将图像用 Daubechies 4 小波分为 8 个子带，分别为 $j=0,1,\cdots,7$，曲线波子带 $s=1$ 对应于小波子带 $j=0,1,2,3$，曲线波子带 $s=2$ 对应于小波子带 $j=4,5,6$，曲线波子带 $s=3$ 对应于小波子带 $j=7$，这样对于图像 f，分别得到低通图像 f_1，带通图像 f_2、f_3。

(2) 分块：对于 f_2，将其分成 32×32 的小块 $f_{2,i,j}$，这样共有 64 个小块 $f_{2,i,j}$ $(1\leqslant i\leqslant 8,1\leqslant j\leqslant 8)$；对于 f_3，将其分成 16×16 的小块 $f_{3,m,n}$，这样共有 256 个小块 $f_{3,m,n}(1\leqslant m\leqslant 16,1\leqslant n\leqslant 16)$。

(3) 对每块作脊波分析：

对于 f_2，用 64×64 的重叠的块 $g_{2,p,q}$覆盖它，其中$(1\leqslant p\leqslant 7,1\leqslant q\leqslant 7)$：

$$g_{2,p,q}=f_2([(p-1)\times 32+1,(p+1)\times 32]\times[(q-1)\times 32+1,(q+1)\times 32])$$

对于 f_3，用 32×32 的重叠的块 $g_{3,x,y}$ 覆盖它，其中($1\leqslant x\leqslant 15$，$1\leqslant y\leqslant 15$)：

$$g_{3,x,y}=f_3([(x-1)\times 16+1,\ (x+1)\times 16]\times[(y-1)\times 16+1,\ (y+1)\times 16])$$

对 $g_{2,p,q}$ 和 $g_{3,x,y}$ 作脊波分析，得到脊波系数 $\alpha_{2,p,q,\lambda}$ 和 $\alpha_{3,x,y,\lambda}$，其中 λ 为脊波指标。我们采用快速 Slant Stack 方法作 Radon 变换，再关于 t 作 Meyer 小波变换来实现脊波的数字化。

以上每一步都可以精确地重构，所以重构算法依次分为以下几步：

(1) 脊波重构：对每一块图像脊波系数 α_η 用参考文献[11]给出的逆变换求逆，即 $R^{-1}=S^{-1}W^{-1}$，其中 W^{-1} 为 Meyer 小波逆变换算子，S^{-1} 为广义 Radon 逆变换算子。

(2) 光滑化：对于 $f_{2,i,j}$，用覆盖它的 64×64 四块 B_1、B_2、B_3、B_4 加权平均求和，得到

$$h_1=w(i_2/l)B_1(i_1,j_1)+w(1-i_2/l)B_2(i_2,j_1)$$

$$h_2=w(i_2/l)B_3(i_1,j_2)+w(1-i_2/l)B_4(i_2,j_2)$$

$$\Delta f_{2,i,j}=w(j_2/l)h_1+w(1-j_2/l)h_2$$

其中，$w(x)=\cos^2(\pi x/2)$ 为光滑函数，$l=32$ 为块的大小，$i_2=i_1-l$，$j_2=j_1-l$，i_1，$j_1>l$。同样，对于 $f_{3,m,n}$，可以得到 $\Delta f_{3,m,n}$。

(3) 子带重构：对每一子带分别重构得到 Δf_1、Δf_2、Δf_3，将其投影到相应的子带再相加即为重构的图像，即 $\tilde{f}=\Delta_1(\Delta f_1)+\Delta_2(\Delta f_2)+\Delta_3(\Delta f_3)$。

8.3　稀疏表示和字典学习

1. 稀疏表示

1) 稀疏表示理论基础

图像处理、信息传输、计算机视觉等诸多领域一直在寻求信号与图像的稀疏而简洁的表示方式。稀疏表示的好处在于：非零系数揭示了信号与图像的内在结构和本质属性，同时非零系数具有显式的物理意义。

设数字图像 u 的大小为 $\sqrt{N}\times\sqrt{N}$，将其表示为向量形式 $\boldsymbol{u}\in\mathbf{R}^N$。设字典 D 为 L 个 N 维单位长度向量 $\boldsymbol{d}_\gamma$ 的集合，即

$$D=\{\boldsymbol{d}_\gamma\in\mathbf{R}^N:\ \|\boldsymbol{d}_\gamma\|=1,\ 1\leqslant\gamma\leqslant L\}\tag{8.14}$$

其中，D 的每个元素 $\boldsymbol{d}_\gamma$ 称为字典原子，可以由多组基或框架构成。在给定字典的情况下，我们可以将图像 u 分解为该字典中各原子的线性组合形式：

$$u=\sum_{\gamma=1}^{L}\alpha_\gamma d_\gamma\tag{8.15}$$

其中，$\alpha=\{\alpha_\gamma,\ 1\leqslant\gamma\leqslant L\}$ 为图像 u 在字典 D 下的分解系数。当原子个数 $L>N$ 时，字典 D 是冗余的。如果同时还能够张成 N 维欧氏空间 $\mathbf{R}^N$，则称此时的字典 D 是过完备的。信号在这种字典上的分解系数 α 是不唯一的，所以我们可以根据应用的目的选择最为合适的表示系数。稀疏表示就是希望从众多分解系数中选取最为稀疏的系数。稀疏度用 L_0 范数来度量，这里 L_0 范数表示向量中非零元素的个数(并非严格意义的范数)。图像过完备稀疏表示的模型为如下最小化问题：

$$\min \|\alpha\|_0 \quad \text{s.t.} \quad u = \sum_{\gamma=1}^{L} \alpha_\gamma d_\gamma \tag{8.16}$$

式中，$\|\alpha\|_0$ 是 α 的 L_0 范数。

若将字典 D 中所有原子按列向量依次排列，则构成一个 $N \times L$ 的矩阵，仍记为 $\boldsymbol{D}$。此时，式(8.16)中的稀疏表示模型可改写为如下的矩阵形式：

$$\min \|\boldsymbol{\alpha}\|_0 \quad \text{s.t.} \quad \boldsymbol{u} = \boldsymbol{D\alpha} \tag{8.17}$$

图 8.2 给出了过完备稀疏表示的示意图，图中系数 $\boldsymbol{\alpha}$ 只有少数非零元素，是稀疏的。

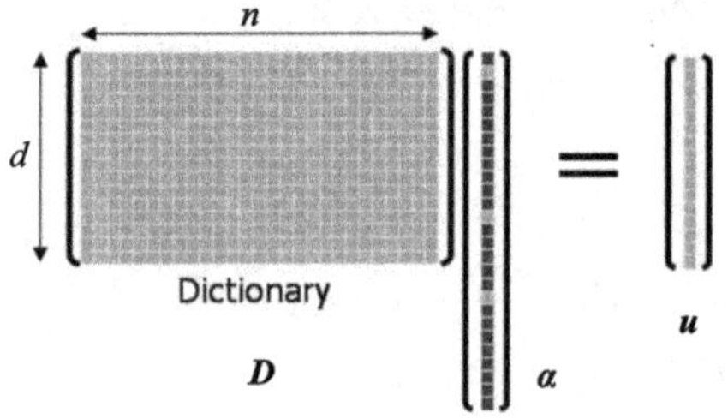

图 8.2　过完备稀疏表示的示意图

过完备稀疏表示问题(8.17)的求解等价于寻求欠定系统的最稀疏解。因此，首先必须考虑的问题是最稀疏解是否唯一。定理 8.3 给出了这一问题的答案。

定理 8.3(唯一性定理)　如果给定欠定系统存在某一稀疏解 α 满足 $\|\alpha\|_0 < \text{spark}(D)/2$，其中 spark($D$)定义为字典 D 中任意一组原子线性相关时所需的最小原子个数，则该解是唯一的且为最稀疏解。

该定理表明，虽然由于字典冗余性导致了图像分解系数的不唯一，但如果字典能够满足 spark 条件，则最稀疏解仍是唯一的。另外，定理 8.3 也可以用于判断一个分解系数 α 是否是最稀疏解。

对于一个含有噪声的图像 $u \in \mathbf{R}^N$，通常并不需要完全准确的重构表示，而是松弛为下面的稀疏优化问题：

$$\min \|\alpha\|_0 \quad \text{s.t.} \quad \|u - D\alpha\| \leqslant \varepsilon \tag{8.18}$$

其中，ε 为一正常数，当 $\varepsilon = 0$ 时即为稀疏表示问题(8.17)。

根据应用的不同，还可以建立稀疏约束的非线性逼近模型：

$$\min \|u - D\alpha\|_2^2 \quad \text{s.t.} \ \|\alpha\|_0 \leqslant M \tag{8.19}$$

要求 α 中非零系数的个数小于等于 M，也可称为 M 项稀疏逼近问题。

2) *稀疏分解算法*

由于 L_0 范数的非凸性，求解上述问题是典型的 NP 难问题。众多学者提出了多种有效的稀疏表示算法，主要有贪婪追踪算法中的匹配追踪(Matching Pursuit，MP)、正交匹配追踪(Orthonormal Matching Pursuit，OMP)及基追踪(Basis Pursuit，BP)等。MP 算法随稀疏分解思想的提出最早被引入，OMP 是 MP 的一种改进。BP 算法则由 Donoho 等人提出，它用 L_1 范数代替 L_0 范数，从而将组合优化问题转化为凸优化问题。

贪婪追踪算法的主要思想是通过既定的相似性度量准则从字典中逐次选择用于信号分解的原子，并对此过程进行迭代，构成对原信号的稀疏逼近。贪婪追踪算法通常具有较低的复杂度。

(1) MP 算法。

MP 算法由 Mallat 与 Zhang 于 1993 年首先提出。该方法与统计学中使用的投影追踪算法和波形增益(shape-gain)矢量量化有密切的联系。它从字典中一个一个地挑选向量，每一步都使得信号的逼近更为优化。

设给定信号 f，MP 算法首先在字典 D 中找 f 的一个最优的单原子逼近，即寻找一个原子，记作 d_{γ_0}，使得 f 在 d_{γ_0} 上的投影误差是 f 在字典 D 中所有单个原子上的投影误差最小。设用 R_f 表示 f 在 d_{γ_0} 上的投影误差，则有

$$f = \langle f, d_{\gamma_0} \rangle d_{\gamma_0} + R_f \tag{8.20}$$

其中，$\langle \cdot, \cdot \rangle$表示向量内积。因为 R_f 与 d_{γ_0} 正交，所以

$$\| f \|^2 = |\langle f, f_{\gamma_0} \rangle|^2 + \| R_f \|^2 \tag{8.21}$$

可见，寻找最优的单原子逼近，就是极小化 $\| R_f \|$，等价于取 $d_{\gamma_0} \in D$ 使得 $|\langle f, d_{\gamma_0} \rangle|$ 为极大。在有些情况下，为了提高计算效率，会把寻找最优原子问题松弛为寻找原子 $d_{\gamma_0} \in D$ 使之几乎为最优，即满足：

$$|\langle f, d_{\gamma_0} \rangle|^2 \geqslant \mu \operatorname{supp}_{\gamma \in \Gamma} \langle f, d_\gamma \rangle \tag{8.22}$$

其中，Γ 表示所有原子的指标集，$\mu \in (0, 1]$为最佳因子。MP 方法对余项进一步作分解并反复进行这一过程。令 $R_f^0 = f$，设第 m 个余项 R_f^m 已经计算出来，那么下一步的迭代是选取 $d_{\gamma_m} \in D$ 使得

$$|\langle R_f^m, d_{\gamma_m} \rangle| \geqslant \mu \operatorname{supp}_{\gamma \in \Gamma} \langle R_f^m, d_\gamma \rangle \tag{8.23}$$

将 R_f^m 投影到 d_{γ_m} 上得

$$R_f^m = \langle R_f^m, d_{\gamma_m} \rangle d_{\gamma_m} + R_f^{m+1} \tag{8.24}$$

由 R_f^{m+1} 与 d_{γ_m} 的正交性得

$$\| R_f^m \|^2 = |\langle R_f^m, d_{\gamma_m} \rangle|^2 + \| R_f^{m+1} \|^2 \tag{8.25}$$

将式(8.24)对 m 从 0 到 $M-1$ 求和，得

$$f = \sum_{m=0}^{M-1} \langle R_f^m, d_{\gamma_m} \rangle + R_f^M \tag{8.26}$$

类似地，将式(8.25)对 m 从 0 到 $M-1$ 求和得

$$\| f \|^2 = \sum_{m=0}^{M-1} |\langle R_f^m, d_{\gamma_m} \rangle|^2 + \| R_f^M \|^2 \tag{8.27}$$

可以证明，当 m 趋于无穷时，$\| R_f^M \|$ 按指数级收敛到 0。

(2) OMP 算法。

OMP 算法是 MP 算法的改进。它利用 Gram - Schmidt 正交化过程将投影方向正交化来改进 MP 逼近，这样得到的正交追踪作有限次迭代即可收敛，但其代价是 Gram - Schmidt 在正交化过程中需要巨大的计算量开销。

由 MP 算法所挑选的原子 d_{γ_m} 并非先验地正交于前面已挑选出来的向量$\{d_{\gamma_p}\}_{0 \leqslant p < m}$。当减去 R_f^m 在 d_{γ_m} 上的投影时，该算法便在$\{d_{\gamma_p}\}_{0 \leqslant p < m}$的方向上引入新的成分。这一问题可通过将余项投影到从$\{d_{\gamma_p}\}_{0 \leqslant p < m}$所计算得到的一个正交族$\{\phi_{\gamma_p}\}_{0 \leqslant p < m}$上来避免。

先初始化 $\phi_0 = d_{\gamma_0}$。对 $m \geqslant 0$，OMP 算法先挑选 d_{γ_m}，使得

$$|\langle R_f^m, d_{\gamma_m} \rangle| \geqslant \mu \operatorname{supp}_{\gamma \in \Gamma} |\langle R_f^m, d_\gamma \rangle| \tag{8.28}$$

然后用 Gram - Schmidt 算法将 d_{γ_p} 关于 $\{\phi_{\gamma_p}\}_{0\leqslant p<m}$ 规范正交化，定义：

$$\phi_m = d_{\gamma_m} - \sum_{p=0}^{m-1} \frac{\langle d_{\gamma_m}, \phi_p \rangle}{\| \phi_p \|^2} \phi_p \tag{8.29}$$

将余项 R_f^m 投影到 ϕ_m 上，得到

$$R_f^m = \frac{\langle R_f^m, \phi_m \rangle}{\| \phi_m \|^2} \phi_m + R_f^{m+1} \tag{8.30}$$

将此方程对 $0\leqslant m<k$ 求和，得

$$f = \sum_{m=0}^{k-1} \frac{\langle R_f^m, \phi_m \rangle}{\| \phi_m \|^2} \phi_m + R_f^k = P_{V_k} f + R_f^k \tag{8.31}$$

其中，P_{V_k} 是在 $\{\phi_{\gamma_m}\}_{0\leqslant p<m}$ 所生成的空间 V_k 上的正交投影。Gram - Schmidt 算法保证 $\{d_{\gamma_m}\}_{0\leqslant m<M}$ 也是 V_k 的一组基。对任意 $k\geqslant 0$，余项 R_f^k 是 f 正交于 V_k 的部分。对于 $m=k$，有

$$\langle R_f^m, \phi_m \rangle = \langle R_f^m, \phi_{\gamma m} \rangle \tag{8.32}$$

因 V_k 的维数为 k，故存在 $M\leqslant N$ 使得 $f\in V_M$，从而 $R_f^M=0$。将式(8.32)代入式(8.31)并令 $k=M$，得

$$f = \sum_{m=0}^{M-1} \frac{\langle R^m f, \phi_{\gamma_m} \rangle}{\| \phi_m \|^2} \phi_m \tag{8.33}$$

作有限 M 次迭代可以得到收敛性。它是 f 在一个正交向量族上的分解，故

$$\| f \|^2 = \sum_{m=0}^{M-1} \frac{|\langle R_f^m, d_{\gamma_m} \rangle|^2}{\| \phi_m \|^2} \tag{8.34}$$

为了将 f 在原来的字典向量 $\{d_{\gamma_m}\}_{0\leqslant m<M}$ 上展开，我们必须对基作一些修改。Gram - Schmidt 关系可以转化为用 $\{d_{\gamma_p}\}_{0\leqslant p<m}$ 将 ϕ_m 展开：

$$\phi_m = \sum_{p=0}^{m} b[p, m] d_{\gamma_p} \tag{8.35}$$

将此表达式代入式(8.33)得

$$f = \sum_{p=0}^{M-1} a[\gamma_p] d_{\gamma_p} \tag{8.36}$$

其中：

$$a[\gamma_p] = \sum_{m=p}^{M-1} b[p, m] \frac{\langle R_f^m, d_{\gamma_m} \rangle}{\| \phi_m \|^2} \tag{8.37}$$

在迭代的前几次，MP 算法常常挑选出近似正交的向量，因此 Gram - Schmidt 正交化是不必要的。此时 OMP 和 MP 几乎是相同的。随着迭代次数的增大并越来越靠近 N，OMP 算法的余项的范数将比 MP 下降得更快，所以 OMP 算法的收敛速度比 MP 更快。然而在计算残差信号 R_f^m 在 V_m 的正交投影时，每次迭代过程均需要计算一次最小二乘问题，随着迭代次数的不断增加，问题的复杂度也随着不断增加，最后导致整个算法的复杂度大于 MP 算法。为了降低 OMP 算法的复杂度，提出了梯度追踪算法，该算法在每次迭代中并不准确求解用于残差更新的最小二乘问题，而是仅利用最速下降法或共轭梯度法进行一步迭代，从而降低了算法的复杂度，但同时也降低了残差信号能量的衰减速度。具体算法见有关参考文献。

2. 基于稀疏表示与字典学习的图像去噪

本小节采用如下图像退化模型：

$$Y = X + N$$

其中，X 是干净图像，Y 是观察图像，N 是独立同分布的 Gauss 白噪声。

设将图像分成大小为$\sqrt{n}\times\sqrt{n}$的小块，用 R_{ij} 表示取出以(i, j)为中心、大小为$\sqrt{n}\times\sqrt{n}$的块。例如，$R_{i,j}Y$ 表示从观察图像 Y 中取出中心在 (i, j)、大小为$\sqrt{n}\times\sqrt{n}$的块，并将每个小块排成一个 n 维列向量。为了使用稀疏表示模型，需要定义一个过完备的字典 $D\in\mathbf{R}^{n\times k}$，其中 $k>n$。当图像有噪声时，常常用下面的稀疏表示模型估计干净图像中的每个小块。例如，对块(i, j)，有

$$\tilde{\alpha}_{ij} = \arg\min_{\alpha_{ij}} \|\alpha_{ij}\|_0 \ \text{s.t.}\ \|D\alpha_{ij} - R_{ij}Y\|_2^2 \leqslant T \tag{8.38}$$

用 $\tilde{X}_{ij}=D\tilde{\alpha}_{ij}$ 作为干净图像块的估计，α_{ij} 是干净块在字典 D 下的稀疏表示系数。如果将式(8.38)中的约束项转换为惩罚项，则可以得到模型：

$$\tilde{\alpha}_{ij} = \arg\min_{\alpha_{ij}} \|D\alpha_{ij} - R_{ij}Y\|_2^2 + \mu\|\alpha_{ij}\|_0 \tag{8.39}$$

其中，μ 称为惩罚因子，在 μ 取适当值的条件下，上述两个问题是等价的。后面的讨论都将针对式(8.39)所示的模型。

对于整个图像 Y，假设其中每一小块都符合上述稀疏模型，则式(8.39)可转化为

$$\{\tilde{\alpha}_{ij}, \tilde{X}\} = \arg\min_{\alpha_{ij}, X} \lambda\|X - Y\|_2^2 + \sum_{i,j}\mu_{ij}\|\alpha_{ij}\|_0 + \sum_{i,j}\|D\alpha_{ij} - R_{ij}X\|_2^2 \tag{8.40}$$

模型中的第一项衡量含噪图像 Y 与原始图像 X 之间的总体相似程度。具体计算时先将 X 取为 Y，计算稀疏表示系数 α(即求解式(8.39))；然后固定 α，更新 X；之后迭代直至收敛。

以上讨论建立在字典 D 已知的前提下，可以将字典 D 取为 Fourier 基、小波基、脊波、曲线波等。但这样的固定字典不是与数据相适应的，那么能否借助于机器学习的思想，从一系列相关图像中通过学习得到与数据自适应的字典呢？目前有两种不同的学习方式：一种是选取一些有代表性的干净图像作为训练样本学习字典；另一种是用观察图像的有噪块作为训练样本进行字典学习。

3. 基于干净图像块的字典学习

记 $Z=\{z_j\}_{j=1}^M$ 为 M 个干净图像块的集合，每个图像块的大小为$\sqrt{n}\times\sqrt{n}$，$M>n$，则学习字典的过程可描述为下面稀疏最小化问题：

$$\min_{D,\{\alpha\}_{j=1}^M} \sum_{j=1}^M [\mu_j\|\alpha_j\|_0 + \|D\alpha_j - z_j\|_2^2] \tag{8.41}$$

其目的是寻求一个字典 D，使得 Z 中所有干净图像块在字典 D 下都有很好的稀疏逼近。参数 μ_j 用于调节稀疏度与逼近程度。

对式(8.41)，通常采用块交替下降法求解，即交替优化字典 D 和系数 $\{\alpha\}_{j=1}^M$。K-SVD 算法(见图 8.3 中字典更新)则稍有不同，该算法在 D 已知的情况下，采用 OMP 算法求得近似最优的 $\{\alpha\}_{j=1}^M$；然后在更新字典 D 时，依次更新字典 D 中的每一列，同时也改变和该列相关的稀疏表示系数。

需要注意的是，由于公式(8.41)中系数稀疏项具有非凸特性，因此很难找到最优解。因此，有效的初始化字典是很关键的。相关实验表明，初始化时采用冗余的 DCT 字典能得到较理想的效果，并且迭代次数也较少。

字典 D 训练好后，代入式(8.40)进行图像去噪。

4. 基于噪声图像块的字典学习

基于干净图像块的字典学习方法需要维护一个干净图像库，在学习字典时将这些干净图像分成小块作为训练样本。D. Elad 等发现用有噪的观察图像块训练的字典能达到很好的去噪效果。他们给出了两个解释：首先，实验表明 K-SVD 算法本身具有抑制噪声的功能；其次，这样做可以根据要处理的图像的不同特点来调整字典，得到每幅图像的自适应字典，且不用维护一个庞大的图像库。另外，在这种情况下，字典学习过程(式(8.41))可以融合到贝叶斯去噪框架(式(8.40))中。

设将含有噪声的观察图像 Y 分成大小为$\sqrt{n}\times\sqrt{n}$的块，用 $Z=\{y_j\}_{j=1}^{K}$表示这些块的集合，其中 y_j 代表一个块。不假设字典 D 已知，则问题(8.40)可以重新定义为

$$\{\widetilde{D},\ \widetilde{\alpha}_{ij},\ \widetilde{X}\} = \arg\min_{D,\ \alpha_{ij},\ X} \lambda\ \|X-Y\|_2^2 + \sum_{i,\ j}\mu_{ij}\ \|\alpha_{ij}\|_0 + \sum_{i,\ j}\ \|D\alpha_{ij}-R_{ij}X\|_2^2 \tag{8.42}$$

对式(8.42)仍然采用交替最小化方法。首先，给定字典 D 和图像 X，用 OMP 算法求得稀疏表示系数 α_{ij}；其次，在已知 α_{ij} 的基础上用 K-SVD 算法更新字典 D；最后，在已知 D 与 α_{ij}时应用最小二乘法求得去噪图像 X。算法的细节如图 8.3 所示。

1. 初始化：设 $X=Y$，$D=$过完备 DCT 字典。

2. 采用以下步骤进行 J 次迭代：

(1) 稀疏编码：采用任何一种追踪算法，针对每一图像小块 $R_{ij}X$，求解问题：

$$\forall ij\ \min_{\alpha_{ij}}\ \|\alpha_{ij}\|_0 \quad \text{s.t.} \quad \|R_{ij}X-D\alpha_{ij}\|_2^2\leqslant (C\sigma)^2$$

的近似解 α_{ij}。

(2) 字典更新：通过下面的步骤，对于字典 D 中的每一列 $l=1,\ 2,\ \cdots,\ k$，依次更新：

① 找出所有满足 $w_l=\{(i,\ j)\,|\,\alpha_{ij}(l)\neq 0\}$的图像小块 $R_{ij}X$。

② 对每个$(i,\ j)\in w_l$，计算残差：

$$e_{ij}^{l} = R_{ij}X_{ij} - \sum_{m\neq l} d_m\alpha_{ij}(m)$$

③ 设 $\boldsymbol{E}_l$ 为残差矩阵，其列为$\{e_{ij}^{l}\}_{(i,j)}\in w_l$。

④ 对 $\boldsymbol{E}_l$ 进行奇异值分解(SVD)，得到 $\boldsymbol{E}_l=\boldsymbol{U}\Delta\boldsymbol{V}^{\mathrm{T}}$，则矩阵 $\boldsymbol{U}$ 的第一列将作为字典第 l 列升级后的 $\widetilde{\boldsymbol{d}}_l$，同时更新系数$\{\alpha_{ij}(l)\}_{(i,\ j)\in w_l}$为 $\Delta(1,\ 1)$乘以 $\boldsymbol{V}$ 的第一列。

3. 求得去噪后图像

$$\hat{X} = \left(\lambda I + \sum_{ij} R_{ij}^{\mathrm{T}}R_{ij}\right)^{-1}\left(\lambda Y + \sum_{ij} R_{ij}^{\mathrm{T}}D\alpha_{ij}\right)$$

图 8.3　基于噪声图像块的字典学习去噪算法

图 8.4 给出了冗余 DCT 字典、全局训练字典和自适应字典。图 8.5 给出了 Barbara 图像相应的去噪效果，其中噪声标准差 $\sigma=20$。

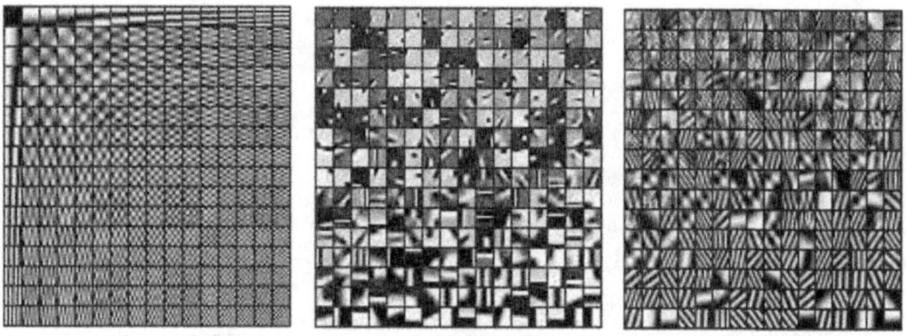

(a) 冗余DCT字典　　(b) 全局训练字典　　(c) 自适应字典

图 8.4　字典学习

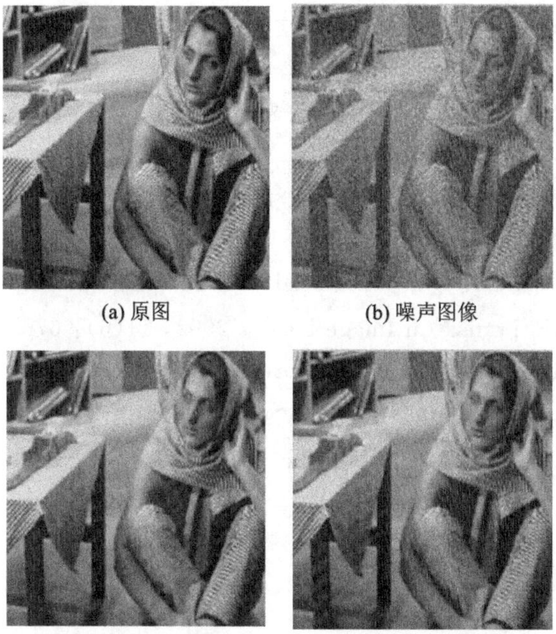

(a) 原图　　(b) 噪声图像

(c) 全局字典去噪图，PSNR=28.8528 dB　　(d) 自适应字典去噪图，PSNR=30.8295 dB

图 8.5　基于字典学习的图像去噪效果对比

参 考 文 献

[1] 江泽坚，孙善利. 泛函分析. 北京：高等教育出版社，2005.

[2] GRAFAKOS L. 傅里叶分析. 北京：机械工业出版社，2011.

[3] WOJTASZCZYK P. A Mathematical Introduction to Wavelets. Cambridge：Cambridge University Press，1997.

[4] 冯象初，甘小冰，宋国乡. 数值泛函与小波理论. 西安：西安电子科技大学出版社，2003.

[5] 崔锦泰. 小波分析导论. 西安：西安交通大学出版社，1995.

[6] DAUBECHIES I. 小波十讲. 李建平，杨万年，译. 北京：国防工业出版社，2004.

[7] 陆启韶. 现代数学基础. 北京：北京航空航天大学出版社，1997.

[8] Y. 迈耶. 小波与算子：第 1 卷. 尤众，译. 北京：世界图书出版公司，1992.

[9] MALLAT S. 信号处理的小波导引：英文版. 2 版. 北京：机械工业出版社，2003.

[10] DAUBECHIES I，DEFRIESE M，DE MOL C. An iterative thresholding algorithm for linear inverse problems with a sparsity constraint. Commun. Pur. Appl. Math.，2004，57(11)：1413 - 1457.

[11] STARCK J L，CANDÈS E J，DONOHO D L. The Curvelet Transform for Image Denoising. IEEE Trans. on Image Proc.，2002，11(6)：670 – 684.

[12] ELAD M. Sparse and Redundant Representations-From Theory to Applications in Signal and Image Processing. Berlin：Springer，2010.